Dharmaprabhakaran Thamayanathan
Karthikeyan Sathasivam
Udayakumar Thangavelan

Efeito de aditivos de álcoois de ordem inferior e superior no biocombustível de algas

Dharmaprabhakaran Thamayanathan
Karthikeyan Sathasivam
Udayakumar Thangavelan

Efeito de aditivos de álcoois de ordem inferior e superior no biocombustível de algas

ScienciaScripts

Cover image: www.ingimage.com

This book is a translation from the original published under ISBN 978-620-8-41714-7.

Publisher:
Sciencia Scripts
is a trademark of
Dodo Books Indian Ocean Ltd. and OmniScriptum S.R.L publishing group

120 High Road, East Finchley, London, N2 9ED, United Kingdom
Str. Armeneasca 28/1, office 1, Chisinau MD-2012, Republic of Moldova, Europe
Managing Directors: Ieva Konstantinova, Victoria Ursu
info@omniscriptum.com

Printed at: see last page
ISBN: 978-620-8-62545-0

EFEITO DOS ADITIVOS DE ÁLCOOIS DE ORDEM INFERIOR E SUPERIOR NO DE ALGAS

O Dr. T.Dharmaprabhakaran trabalha como professor assistente no Departamento de Engenharia Mecânica, Syed Ammal Engineering College, Ramanathapuram, Tamilnadu, Índia - 623502.

O Dr. S.Karthikeyan trabalha como Professor e Diretor no Departamento de Engenharia Mecânica, Syed Ammal Engineering College, Ramanathapuram, Tamilnadu, Índia - 623502.

O Dr. T. Udayakumar trabalha como Professor Assistente e Diretor no Departamento de Engenharia Mecânica da Faculdade de Engenharia da Universidade de Ramanathapuram, Tamilnadu, Índia - 623513

RECONHECIMENTO

Agradecemos ao Todo-Poderoso por nos ter dado força mental e convicção suficientes para escrever este livro.

Gostaríamos de transmitir os nossos sinceros agradecimentos à Direção e ao Diretor do Syed Ammal Engineering College, Ramanathapuram, e ao Chefe do Departamento de Engenharia Mecânica, University College of Engineering, Ramanathapuram, pelo constante encorajamento, apoio moral e orientação valiosa para os nossos esforços.

Estamos muito gratos aos nossos familiares, amigos e simpatizantes pelo seu apoio total durante a redação deste livro.

Dr.T DHARMAPRABHAKARAN
Dr.S.KARTHIKEYAN
Dr.T.UDAYAKUMAR

"Não descanses depois da tua primeira vitória, porque se falhares na segunda, há mais lábios à espera para dizer que a tua primeira vitória foi apenas sorte."

"O pensamento é o capital, a empresa é o caminho e o trabalho árduo é a solução."

"A confiança e o trabalho árduo são o melhor remédio para matar a doença chamada fracasso. Isso fará de ti uma pessoa de sucesso."

"Sonhar, sonhar, sonhar, os sonhos transformam-se em pensamentos e os pensamentos resultam em ação."

Dr. A. P. J. Abdul Kalam

RESUMO

Atualmente, à medida que os combustíveis fósseis se esgotam, existe um enorme fosso entre o mercado e o fornecimento de combustível. Isto aplica-se a uma vasta gama de indústrias que consomem petróleo diariamente. Este vazio na oferta e na procura relacionado com o mercado pode ser preenchido por uma variedade de óleos e combustíveis derivados de plantas e gorduras animais. Entre os poluentes mais tóxicos do mundo estão os causados por veículos movidos a gasóleo. A nível mundial, está a ser estudada uma variedade de combustíveis de base biológica, tais como óleos vegetais, óleos derivados de gorduras animais, óleos derivados de algas, bioetanol e biogás de algas, etc., como potenciais combustíveis. Todos os óleos de base biológica necessários para o processamento e transferência de materiais de base biológica numa forma útil, conforme exigido pelos combustíveis e aplicações, estão disponíveis aqui. Em comparação com os combustíveis tradicionais, estas ferramentas são sobretudo menos poluentes do ponto de vista biológico e mais económicas do ponto de vista comercial.

Como fonte de energia alternativa, o biodiesel continua a ser uma excelente escolha. Tem um excelente desempenho e uma pegada de carbono mais pequena do que muitos outros combustíveis no mercado. Para formar um combustível misturado com biodiesel, como o B20, o biodiesel pode ser misturado com gasóleo a 20%. Quando "B" significa biodiesel, o número correspondente indica a sua percentagem na mistura global. Nesta investigação atual, a matéria-prima do biodiesel à base de algas é utilizada como combustível alternativo. O biodiesel tem excelentes caraterísticas de combustão.

Contudo, quando comparada com o gasóleo, a maior viscosidade cinemática das misturas biodiesel/diesel afecta a atomização do combustível na câmara de combustão, reduzindo ainda mais a temperatura e a pressão da combustão e limitando a potência do motor. Por outro lado, as propriedades de fluxo a frio não favoráveis do biodiesel restringem a sua utilização em condições de frio devido às suas propriedades adversas de fluxo a frio. As misturas de biodiesel/diesel são ainda reforçadas através da adição de álcool e nanopartículas, que actuam para além de reforçar as propriedades de fluxo quente e de fluxo frio das misturas de biodiesel/diesel. As nanopartículas têm sido utilizadas como aditivos em motores apenas um pequeno número de vezes, mas ainda há uma escassez de informações no que diz respeito ao desempenho e às caraterísticas dos motores diesel.

No presente trabalho de investigação, a novidade é a utilização de álcool e de nanopartículas, que não foram registadas pelos outros investigadores nas suas investigações. Como tal, a matéria-prima da alga Botryococcus braunii é incluída neste estudo. A utilização de biodiesel de óleo de microalgas como combustível em motores diesel demonstrou melhorar o desempenho, a combustão e as emissões, o que pode ser conseguido combinando-o com 20% de metanol e 20% de Octagonal numa base de massa por volume, juntamente com a adição de 50ppm e 100ppm de nanopartículas de CuO_2, CeO_2 e Al_2O_3 como aditivos em misturas com biodiesel e diesel.

É alimentado por um motor diesel monocilíndrico, a quatro tempos, de 5,2 kW, a 1500 rpm, configurado com um único cilindro e quatro tempos. Foi utilizado um dinamómetro de correntes de Foucault para determinar a reação do motor a diferentes cargas colocadas sobre ele. Este conjunto de motores estava equipado com uma série de instrumentos críticos que foram utilizados para o cálculo do ângulo da manivela e da pressão do cilindro. Para os diagramas P-θ e P-V, os sinais foram ligados ao registador de dados e ao computador. Havia interconectividade entre o computador e os cálculos do caudal de ar, do caudal de combustível, da temperatura e da carga, entre outros.

Os combustíveis de ensaio experimentais foram testados a velocidades constantes, utilizando uma variedade de condições de carga, a fim de obter resultados para diferentes condições de funcionamento. Em estudos experimentais, foram registados resultados reais para a presença de algas Botryococcus braunii em todas as misturas. A densidade e a viscosidade cinemática das misturas de biodiesel diesel à base de álcool diminuíram significativamente, enquanto o valor calorífico aumentou em resultado da diminuição das densidades. No entanto, em comparação com as misturas B20, a adição de nanopartículas à mistura aumentou tanto a densidade como a viscosidade cinemática da mistura, mas o valor calorífico é reduzido devido a esta adição. Verificou-se uma diminuição dos pontos de inflamação e de combustão das misturas de biodiesel e gasóleo em resultado da adição de álcoois de ordem superior, o que melhorou significativamente o processo de combustão das misturas.

Foi feita uma comparação entre os desempenhos térmicos dos travões (42,36%) das misturas diesel de biodiesel que foram melhoradas através da adição de álcoois octogonais de ordem superior em comparação com os rendimentos do motor. Nas misturas B20, o álcool octogonal de ordem superior proporcionou melhores propriedades de combustão e uma maior taxa de libertação de calor (54,62 J/deg) na câmara de combustão, em comparação com o álcool de ordem inferior. Foi demonstrado que a adição de álcool octogonal de ordem superior às misturas de biodiesel e gasóleo melhorou as caraterísticas do combustível e as caraterísticas de combustão. Como resultado, as emissões de HC (0,034 g/kWh) e CO (3,28 g/kWh), bem como os fumos (54%), são minimizados, enquanto as emissões de NOx do cilindro do motor são aumentadas.

ÍNDICE DE CONTEÚDOS

LISTA DE SÍMBOLOS E ABREVIATURAS

Al	-	Aluminium
Al_2O_3	-	Aluminium oxide
ASTM	-	American Society for Testing and Materials
ANOVA	-	Analysis of variance
BBAME	-	Botryococcus Braunii Microalgae Oil Methyl Ester
BDC	-	Bottom Dead Center
bmep	-	brake mean effective pressure
BP	-	Brake Power
Bp	-	Brake power, kW
BSFC	-	Brake Specific Fuel Consumption
BTE	-	Brake Thermal Efficiency
CO_2	-	Carbon dioxide
CO	-	Carbon monoxide
CeO_2	-	Cerium Oxide
CNG	-	Compressed Natural Gas
CI	-	Compression Ignition
CR	-	Compression Ratio
Cu	-	Copper
CuO_2	-	Copper Oxide
N	-	Crank revolution per second
CC	-	Cubic Centimeter
CP	-	Cylinder Pressure
DF	-	Degree of Freedom
DOE	-	Design of Experiments
DI	-	Direct Injection
EDM	-	Energy Dispersive Spectroscopy
EN	-	European standard

EGR	-	Exhaust Gas Recirculation
EGT	-	Exhaust Gas Temperature
FAME	-	Fatty Acid Methyl Ester
FTIR	-	Fourier Transform Infrared Spectroscopy
FFA	-	Free Fatty Acid
GHGs	-	Green House Gases
HCVs	-	Heavy commercial vehicles
HC	-	Hydro Carbon
HCs	-	Hydro Carbons
ID	-	Ignition Delay
IP	-	Indicated Power
IPCC	-	Intergovernmental Panel on Climate Change
IC	-	Internal Combustion
JME	-	Jatropha Methyl Ester
KME	-	Karanja Methyl Ester
LCVs	-	Light commercial vehicles
LNG	-	Liquefied Natural Gas
LPG	-	Liquid Petroleum Gas
LCV	-	Lower Calorific Value, kJ/kg
μ	-	Mean value
MET		Methanol
CH_3OH	-	Methyl Alcohol
Mm	-	Millimeter
NO_X	-	Mono-Nitrogen Oxides NO and NO_2
nm	-	Nanometer
NHR	-	Net Heat Release
NO_2	-	Nitric dioxide
NO	-	Nitric Oxide
OCT		Octagonal

OMCs	-	Oil Marketing Companies
O_2	-	Oxygen
PPM	-	Parts Per Million
%	-	Percentage
PPAC	-	Petroleum Planning and Analysis Cell
PSU	-	Public Sector Undertaking
RPR	-	Rate of Pressure Rise
RSM	-	Response Surface Methodology
RPM	-	Revolutions Per Minute
SEM	-	Scanning Electron Microscopy
S/N	-	signal-to-noise
NaOH	-	Sodium hydroxide
SFC	-	Specific Fuel Consumption
SMB	-	Spirulina microalgae biodiesel
σ	-	Standard Deviation
SO_2	-	Sulphur dioxide
UNDESA	-	United Nations Department of Economic and Social Affairs Population Division
UVs	-	Utility vehicles
WCO	-	Waste Cooking Oil
WHO	-	World Health Organization

CAPÍTULO 1

INTRODUÇÃO

1.1 AQUECIMENTO GLOBAL

Nos últimos tempos, as pessoas têm deteriorado a beleza da natureza em prol da sua sofisticação, o que provoca o aumento da temperatura da Terra e leva ao Aquecimento Global. O aumento da temperatura é agravado pelas emissões de carbono no ambiente. Esta é a principal razão para as alterações climáticas a que o mundo tem vindo a assistir desde o século XXI. As alterações climáticas, nomeadamente o aquecimento global, são o maior desafio da humanidade no século XXI (Singh *et al.* 2020).

As alterações climáticas são um problema grave que afecta todo o planeta devido às suas consequências negativas e aos extensos danos ambientais. Os combustíveis fósseis e o seu consumo incessante são os principais responsáveis por esta situação (Arumugam & Muralidharan 2022). A combustão de combustíveis fósseis contribui não só para a poluição do ar e para os problemas de saúde, mas também para o aquecimento global. A utilização excessiva de combustíveis fósseis deu origem a uma crise energética, uma vez que as reservas de combustível estão a diminuir rapidamente. Além disso, emite muito dióxido de carbono (CO_2), um dos principais factores que contribuem para o aquecimento global e os riscos para a saúde (Dabi & Saha 2020).

A poluição atmosférica causada pelas emissões de gases de escape é o principal risco ambiental associado à utilização generalizada de automóveis. A poluição atmosférica ocorre devido ao desequilíbrio na composição dos gases devido a catástrofes antropogénicas ou naturais, e a libertação de poluentes atmosféricos na atmosfera é muito prejudicial para toda a sociedade. A exposição ao ar sujo pode provocar graves problemas de saúde (Kumar *et al.* 2021). Dependendo do grau e da exposição à poluição, os efeitos podem ir desde um desconforto moderado a alergias e até à morte. A Organização Mundial de

Saúde declarou que cerca de 4,2 milhões de pessoas morrem anualmente devido ao ar extremamente poluído , que provoca perturbações respiratórias, imunológicas e cardiovasculares. A figura 1.1 mostra o ciclo do aquecimento global.

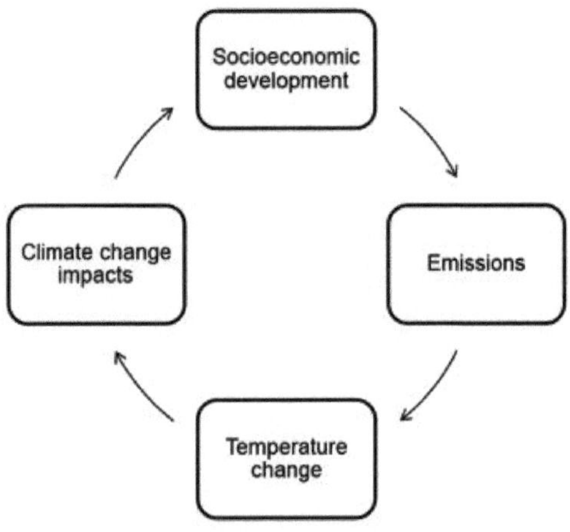

Figura 1.1 Ciclo do aquecimento global

1.2 AQUECIMENTO GLOBAL PROVOCADO PELAS EMISSÕES DOS VEÍCULOS

O aquecimento global é causado principalmente pelos automóveis, em particular pelos carros e camiões, que produzem cerca de um quinto de todas as emissões, gerando aproximadamente 11 quilogramas de dióxido de carbono. A produção, a retirada e a distribuição de combustível representam cerca de 3 kg, ao passo que a grande maioria das descargas que retêm o calor, mais de 9 kg por galão, emana diretamente do tubo de escape de um automóvel (Seyed Mohammed *et al.* 2020)

Os automóveis, como carros, camiões, aviões, comboios e navios, são os principais responsáveis por cerca de um terço de todas as emissões de gases com efeito de estufa, mais do que qualquer outro sector. O sector petrolífero adquire e aperfeiçoa produtos petrolíferos, como as areias betuminosas e o petróleo de extração, e as emissões relacionadas com o petróleo podem também aumentar nos próximos anos. A redução do consumo de petróleo e a minimização da utilização de produtos petrolíferos podem resolver este problema. Globalmente, a Índia é reconhecida como o quarto maior emissor mundial de gases com efeito de estufa (GEE), sendo responsável por 7,08% das emissões mundiais (Yesilyurt *et al.* 2020). Está classificado em terceiro lugar entre os países com a pior qualidade do ar do mundo. A Figura 1.2 mostra as emissões de todas as fontes e a Figura 1.3 mostra as emissões dos veículos (IPCC)

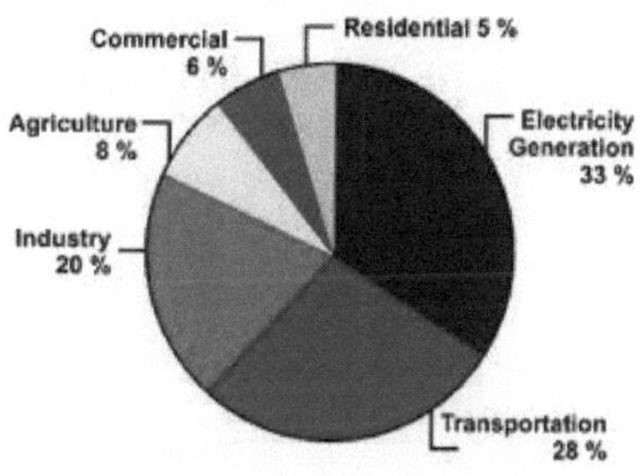

Figura 1.2 Emissões de todas as fontes (IPCC)

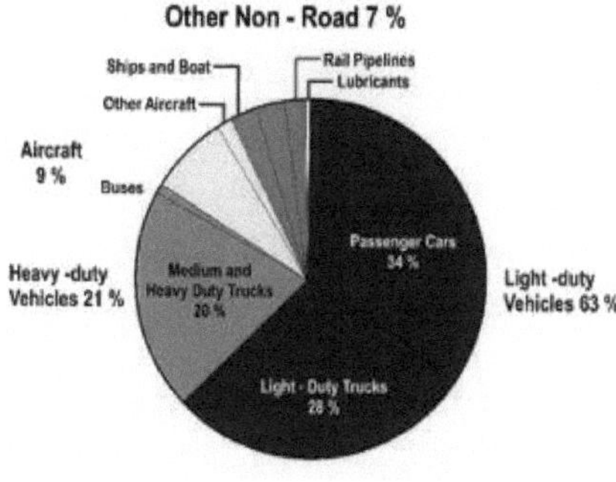

Figura 1.3 Emissões dos veículos (IPCC)

Com o aumento das temperaturas durante a ignição, o azoto reage com o oxigénio no ar para gerar óxidos de azoto. Reconhece-se que esta ação tem um grande impacto negativo na qualidade do ar e, consequentemente, causa problemas respiratórios. Cerca de 40% das emissões de óxidos de azoto provêm dos transportes, o que é especialmente importante nas cidades metropolitanas. É reconhecido como um dos problemas mais perigosos para a humanidade, uma vez que é formado através da queima parcial completa de moléculas de carbono, como os combustíveis fósseis. Mistura-se rapidamente com as células sanguíneas durante a respiração, impedindo a capacidade do corpo de absorver oxigénio. Como resultado, induz doenças respiratórias e cardiovasculares graves (Ganesan *et al.* 2020).

1.3 A NECESSIDADE DE COMBUSTÍVEIS FÓSSEIS

A gasolina e o gasóleo são considerados as cargas mais importantes que contribuem para o desenvolvimento socioeconómico do país. O problema na sua quantidade irá perturbar as operações globais da economia e do crescimento do país. O conhecimento do método de consumo de combustível disponível a partir de produtos petrolíferos e a informação relacionada com o consumo classificado obtido a partir de diversas fontes é essencial para a produção de combustíveis de substituição. Este estudo centrou-se na utilização de combustíveis de secções completamente diferentes em automóveis e não só.

De acordo com este estudo, o sector dos transportes serviu cerca de 70% do consumo de gasóleo convencional a todos os níveis da Índia; os Veículos Comerciais Pesados (HCVs), os Veículos Comerciais Ligeiros (LCVs) e os Autocarros devoraram, todos ao mesmo tempo, cerca de 38%. Cerca de 22% do consumo de gasóleo foi adquirido por veículos utilitários (UVs) e automóveis e, ao mesmo tempo, os veículos de propriedade pública exigiram cerca de 60%. O grande consumo de gasóleo pelo público deve-se à população cumulativa de automóveis e UVs, principalmente entre os automóveis de propriedade pública. O solo de cultivo necessita de um pouco menos de 13%. Trata-se normalmente de equipamento agronómico criado em tractores como debulhadoras, ceifeiras, etc. O consumo de gasóleo na Índia em automóveis e outras classes para comercialização direta e a retalho é indicado na Figura 1.4

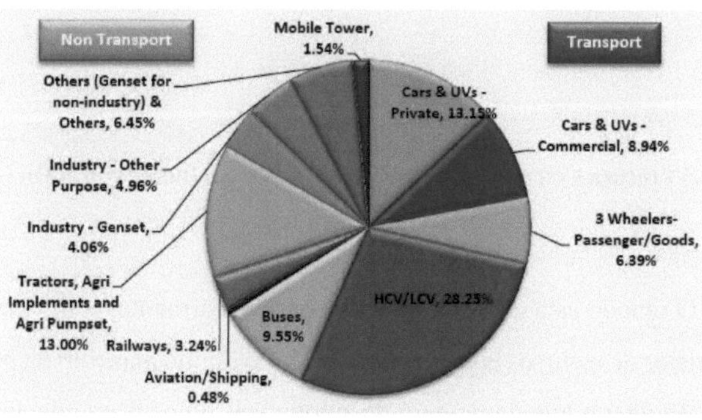

Figura 1.4 Necessidade de combustíveis fósseis (World Oil Outlook 2021, 15ª edição)

1.4 PROCURA E ESCASSEZ DE COMBUSTÍVEIS FÓSSEIS NA ÍNDIA

A Organização dos Países Exportadores de Petróleo previu que a população da Índia ultrapassará a da China até 2025 (Figura 1.5) World Oil Outlook 2021, (15th Edition). Este facto agrava a situação, uma vez que o aumento da população aumenta ainda mais a procura. A Divisão de População do Departamento de Assuntos Económicos e Sociais das Nações Unidas (UNDESA, 2019) declarou que a população mundial deverá aumentar em 1,7 mil milhões até 2045. Em 2045, a população mundial estará próxima dos 9,5 mil milhões, contra cerca de 7,8 mil milhões em 2020, a mesma taxa indicada pela Organização Mundial de Saúde (OMS) em 2021.

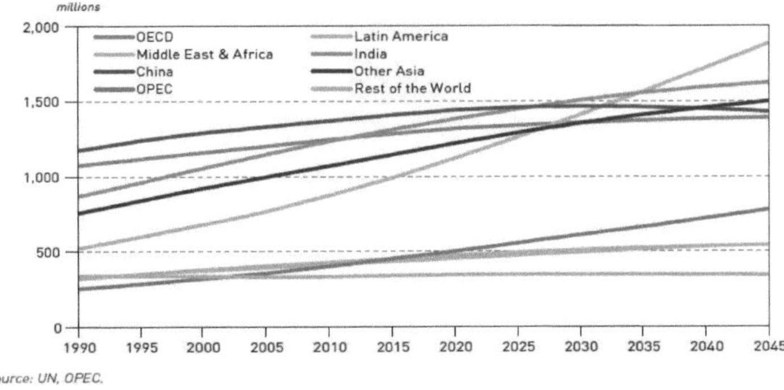

Figura 1.5 Procura e escassez de combustíveis fósseis na Índia (World Oil Outlook 2021, 15ª edição)

O mundo está a enfrentar uma situação alarmante, com uma procura cada vez maior de recursos energéticos, devido ao rápido aumento da população e à utilização de um grande número de automóveis. O consumo de energia per capita dos países está a aumentar em função do crescimento demográfico. Devido ao seu nível populacional mais elevado do que o da China no continente asiático, a Índia enfrenta uma situação agitada no que respeita à procura de energia. A Índia é um dos principais países altamente dependentes de nações como a Arábia Saudita e o Irão para satisfazer a sua procura de petróleo (Bari *et al.* 2020).

A procura da Índia é de cerca de 120 milhões de toneladas de petróleo bruto, enquanto quase 34 milhões de toneladas são necessárias para fins domésticos.

Verifica-se que, estatisticamente, o petróleo bruto irá diminuir a sua presença nos próximos anos devido a uma maior procura. Isto terá um efeito drástico no aumento do preço dos combustíveis, exclusivamente nos países importadores de petróleo. Se este padrão se mantiver, o consumo de petróleo atingirá um pico de 90% em 2030, de acordo com o Departamento de Energia dos EUA. Do ponto de vista da poluição e dos efeitos adversos para a saúde, a utilização de petróleo bruto constitui uma grande ameaça para a população humana. Este facto está de acordo com o recente relatório do Economic Times da Índia.

As emissões nocivas do tubo de escape, especialmente o dióxido de carbono, têm afetado negativamente a temperatura global. Devido ao aquecimento global, a temperatura da Terra tem vindo a aumentar 2°C desde o século XVIII, e cerca de 287 mil milhões de toneladas métricas de gelo derretem anualmente (Mebin Samuel *et al.* 2020). Segundo a Organização Mundial de Saúde, uma média de dois milhões de pessoas perdem a vida todos os anos devido à poluição atmosférica. Na sequência de todas as questões abordadas, como o esgotamento dos combustíveis e as emissões devidas à utilização de combustíveis fósseis, as várias organizações mundiais estão a esforçar-se por encontrar uma fonte de energia alternativa com menor formação de emissões dos seus próprios países para fazer face às necessidades futuras (Periyannan *et al.* 2022).

1.5 TIPOS E PRODUÇÃO DE BIOCOMBUSTÍVEIS

De acordo com vários critérios, os biocombustíveis dividem-se em três gerações diferentes: A Figura 1.6 ilustra a evolução dos biocombustíveis através de diferentes fases: primeira geração, segunda geração e terceira geração. (Rajendran & Ganesan 2021).

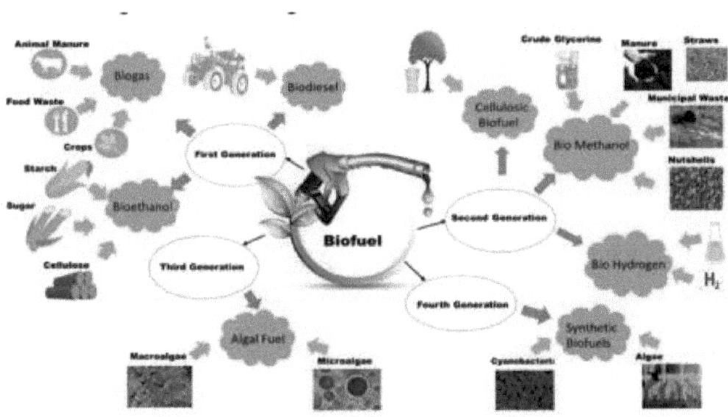

Figura 1.6 Gerações de biocombustíveis (Javed *et al.* 2019).

1.5.1 Biocombustível de primeira geração

Os biocombustíveis produzidos a partir de matérias-primas comestíveis convencionais e este processo bem reconhecido pertencem à primeira geração. De um modo geral, as matérias-primas comestíveis, como os açúcares e os cereais, utilizam apenas uma parte específica da biomassa acima do solo produzida por uma planta. O conhecido biocombustível de primeira geração é o bioetanol, produzido a partir da fermentação de açúcares extraídos do amido e da cana-de-açúcar. Do mesmo modo, o biodiesel pode ser produzido a partir de óleos alimentares de colza, soja, girassol e palma. Por isso, o facto de se considerar que a utilização de rendimentos alimentares pode levar a um conflito "alimentos versus energia" (Swarna *et al.* 2022). A Figura 1.7 mostra o processo de produção da primeira geração de biocombustíveis.

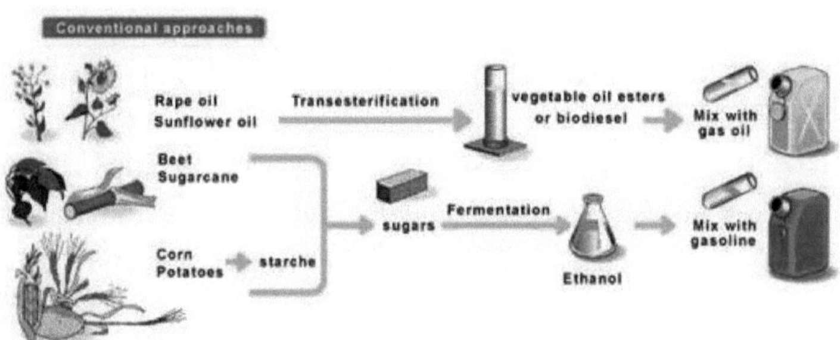

Figura 1.7 Biocombustíveis de primeira geração (Artigo: Bioenergy Education Initiative)

1.5.2 Biocombustível de segunda geração

Os biocombustíveis produzidos a partir de biomassa lignocelulósica são geralmente biocombustíveis de segunda geração. Esta inclui resíduos não comestíveis gerados como resíduos de culturas alimentares (por exemplo, caules de milho, cascas de arroz) ou plantas inteiras de matérias-primas não comestíveis. Enquanto o biodiesel de segunda geração as matérias-primas não comestíveis são óleos provenientes de diferentes resíduos, como óleo alimentar usado, óleo gordo de sebo animal, resíduos agro-industriais, óleo de peixe usado, lamas de depuração, couro, óleo de bagaço de azeitona e de adega, lípidos de resíduos de restaurantes e resíduos da indústria da carne. A Figura 1.8 mostra como são produzidos os biocombustíveis de segunda geração.

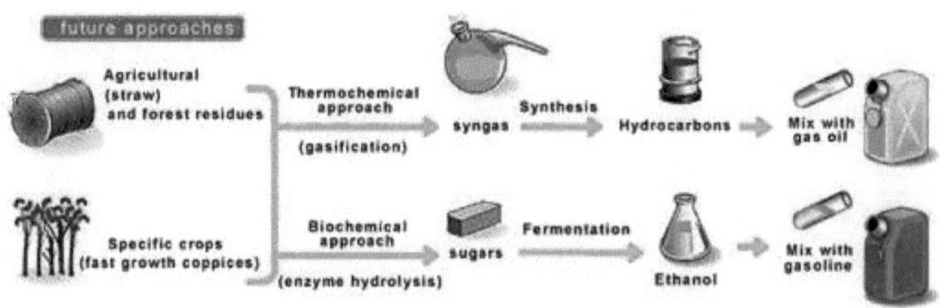

Figura 1.8 Biocombustíveis de segunda geração (Artigo: Bioenergy Education Initiative)

1.5.3 Biocombustível de terceira geração

Nesta categoria, as microalgas e os produtos microbianos foram utilizados como matéria-prima para a produção de biocombustíveis. A célula microbiana composta por hidratos de carbono, proteínas, açúcares e lípidos foi utilizada para a produção de biocombustíveis. Os biocombustíveis de microalgas constituem a terceira geração de biocombustíveis (Venkatesan & Nallusamy 2020). As algas são diversas, incluindo procariotas e eucariotas, desde a Chlorella unicelular até às kelps multicelulares. As algas sobrevivem em vários tipos de meios, água salobra e esgotos e oferecem muitos mais benefícios do que qualquer outra fonte de biocombustível. No entanto, o principal inconveniente é o enorme investimento inicial, que tem impedido o florescimento deste sector. Uma vez criadas as infra-estruturas e a cadeia de abastecimento, espera-se que os biocombustíveis de algas produzam mais de 100 vezes mais combustível do que qualquer outra fonte. Apesar disso, muitos cientistas acreditam que a fonte de energia renovável capaz de substituir os combustíveis fósseis só pode ser alcançada pelas microalgas (Bhatia *et al.* 2021).

Além disso, a biomassa de microalgas pode ser convertida numa vasta gama de biocombustíveis, incluindo gasolina, combustível para aviões a jato, gasóleo, óleo pesado e gasóleo verde. Várias análises relacionadas com várias espécies de microalgas propuseram modelos adequados de produção de biodiesel com base em lípidos de algas (Rastogi *et al.* 2021). A Figura 1.9 mostra como são produzidos os biocombustíveis de 3ª geração.

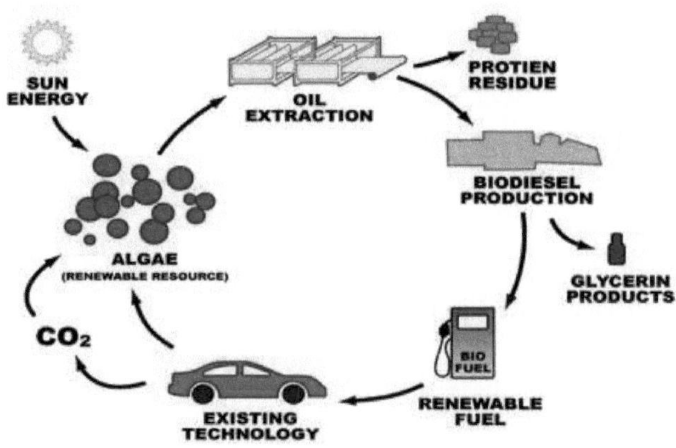

Figura 1.9 Biocombustíveis de terceira geração (Kumar, P. et al. 2022)

1.6 ÓLEO DE ALGAS: UM COMBUSTÍVEL ALTERNATIVO PROMETEDOR

Os peritos em energia registaram que o biocombustível de algas é também identificado como o biocombustível de 3ª geração e é suposto ser o biocombustível dos próximos anos que diminuiria significativamente a necessidade de combustíveis fósseis e apoiaria a redução dos gases com efeito de estufa prejudiciais que são responsáveis pelas alterações climáticas. Sem dúvida, a produção de biomassa a partir de algas será um grande potencial para a produção de energia limpa, mas também tem alguns deméritos graves. Esses deméritos devem ser identificados e devem ser corrigidos antes de serem utilizados para fins comerciais. Em comparação com outras fontes naturais de combustível, como a soja, o milho e o trigo, as algas são consideradas a melhor alternativa, porque podem gerar um rendimento muito maior (EL-Seesy *et al.* 2020).

As algas também podem ser colhidas para a produção de óleo em várias massas de água sem ocupar terrenos, que podem ser utilizados para outras culturas. Os processos de cultivo, extração e refinação das algas são basicamente menos dispendiosos e estão presentes em todas as massas de água. As algas podem ser utilizadas como base de combustível. Embora os especialistas tenham começado a estudar as algas como fonte de combustível há décadas, até há pouco tempo pensava-se que o óleo de algas era demasiado caro para ser produzido a uma escala suficientemente grande para fazer mossa no consumo de petróleo do país. O preço da produção de combustível a partir de algas deverá ser reduzido com o avanço da investigação (Manojkumar *et al.* 2021).

Os investigadores estão a trabalhar em técnicas mais eficazes tanto para cultivar algas como para colher o seu óleo. Uma vez que a produção de biodiesel requer menos energia do que a transformação do óleo de algas em metano, etanol e outros tipos de combustível, é atualmente a utilização mais económica do óleo de algas. Se os preços do petróleo bruto baixarem, o objetivo é tornar o óleo de algas um substituto economicamente viável do petróleo.

1.7 AS MICROALGAS COMO POTENCIAL MATÉRIA-PRIMA

As microalgas podem ser utilizadas para produzir biocombustíveis, que se pensa serem o melhor remédio. O cultivo de microalgas como fonte de lípidos para o biodiesel. A utilização de microalgas como fonte de lípidos tem inúmeras vantagens, nomeadamente

1. Cultivo simples.

2. Desenvolvimento rápido da biomassa com elevado teor de lípidos.

3. Não é necessário esgotar o solo rico.

4. Independência em relação ao preço dos recursos alimentares.

O ciclo de vida completo de uma célula de microalga demora apenas alguns dias. As células de microalgas utilizam o dióxido de carbono e a luz do dia para se reproduzirem. A taxa de crescimento da biomassa também pode ser aumentada através do aumento do arejamento e do fornecimento de determinados nutrientes. As microalgas podem crescer em sistemas abertos (ambientais) ou fechados (foto-biorreactores). O teor de biomassa das microalgas por unidade de espaço ocupado é significativamente mais elevado do que o de outras fontes vegetais, uma vez que crescem numa coluna de água. Uma vez que podem proporcionar uma menor contaminação e condições de crescimento controladas, os sistemas fechados são normalmente utilizados na produção de biodiesel em grande escala (iluminação, alimentação de CO_2, alimentação de cultura média e sistema de circulação) (Giridharan *et al.* 2021).

Atualmente, as algas são consideradas fontes prospectivas de matéria-prima de biomassa para o fabrico de biocombustíveis devido à sua excecional produção de biomassa quando comparadas com as plantas superiores. As algas podem ser cultivadas em terras não aráveis e em águas de qualidade lamentável, que incluem água do mar, água salobra e águas residuais industriais. O rendimento em óleo das microalgas por hectare é razoavelmente muito superior ao das culturas oleaginosas habituais. Em todo o mundo, os estudos centraram-se principalmente na deteção das estirpes de algas com o máximo teor de lípidos e eficiência de biomassa para o cultivo em massa. Ao desenvolver
estirpes ricas em lípidos em grande escala, é possível melhorar o rendimento em óleo, que pode ser transformado em biodiesel e misturado com gasóleo para substituir quantidades substanciais de combustíveis fósseis.

Apesar disso, muitos cientistas acreditam que as microalgas são a única fonte de energia renovável que pode substituir totalmente os combustíveis fósseis. Além disso, a biomassa produzida a partir de microalgas pode ser utilizada para produzir uma variedade de biocombustíveis, incluindo gasóleo, óleo pesado, gasolina, combustível para jactos e gasóleo verde. Numerosos estudos examinaram diferentes espécies de microalgas e sugeriram técnicas práticas de produção de biodiesel baseadas em lípidos de algas.

Aqui está uma tabela comparativa que mostra os preços aproximados em Rúpias Indianas (INR) por litro para a produção de biodiesel a partir de várias matérias-primas. Estes preços são aproximados e podem variar com base nas condições de mercado, métodos de processamento e factores regionais. A tabela 1.1 mostra o custo do biodiesel

Quadro 1.1 Custo do biodiesel

Custo da matéria-prima do biodiesel	Gama de preços aproximada (INR por liteira)
Microalgas	40
Soja	58
Canola	70
Palma	65
Jatropha	64
Milho	60
Amendoim	85
Resíduos de cozedura	70

Estes preços fornecem uma visão geral e podem variar com base em factores como as flutuações do mercado, os custos de processamento e a disponibilidade regional. A escolha da matéria-prima mais rentável envolve frequentemente a consideração destas variáveis, juntamente com factores como a sustentabilidade, os regulamentos locais e a eficiência da produção.

1.8 BIODIESEL

Um dos melhores substitutos do gasóleo é o biodiesel, que pode ser utilizado em motores de ignição por compressão (IC) como combustível alternativo. As qualidades do biodiesel, que dependem das composições de ácidos gordos e dos tipos de matérias-primas, têm impacto nas caraterísticas de injeção, combustão, desempenho e emissões do motor. O biodiesel tem sido introduzido e vendido com sucesso em várias zonas. Para garantir a elevada qualidade do produto e aumentar a confiança dos utilizadores, foram elaboradas várias normas para o biodiesel, como a ASTM D6751 (ASTM = American Society for Testing and Materials) e a norma europeia EN 14214 (Fayad *et al.* 2021).

1.9 INCONVENIENTES DA UTILIZAÇÃO DIRECTA DE BIOCOMBUSTÍVEIS

A utilização direta de biocombustível num motor diesel causa vários problemas devido a combustão incompleta, viscosidade mais elevada, atomização deficiente, depósitos graves no motor, desgaste do motor, entupimento, coqueificação do injetor e colagem do anel do pistão. No entanto, o desempenho do biodiesel é semelhante ao do gasóleo normal. O biodiesel é considerado mais ecológico do que o gasóleo de petróleo porque é preparado a partir de recursos renováveis e tem menos emissões. Testes de estrada, bem como testes de laboratório, confirmaram que os combustíveis biodiesel têm a mesma potência e binário que o gasóleo normal. A utilização direta de biocombustíveis tem vários inconvenientes ambientais, que podem ter impacto nos ecossistemas, na biodiversidade e na sustentabilidade global

1.10 IMPACTO DOS NANO ADITIVOS E DOS ADITIVOS DE ÁLCOOIS

As nanopartículas são os blocos de construção fundamentais do domínio de estudo da nanotecnologia em desenvolvimento. Estas estão disponíveis em vários diâmetros, de 1 a 100 nm, e formas, incluindo cilíndrica, redonda, plana, cónica e tubular. O impacto considerável das nanopartículas na ignição e atividade de combustão do combustível de base motivou os investigadores a analisarem o seu potencial como complemento. As nanopartículas inorgânicas, como as metálicas e as de óxido metálico, são significativamente mais úteis no contexto dos motores de ignição por compressão devido à sua capacidade de aumentar a eficiência (Basha *et al.* 2022). O tensioativo assegura a estabilidade da mistura de combustível após a mistura, enquanto o solvente é utilizado para dissolver as nanopartículas no combustível. Uma vez que as nanopartículas de óxido metálico diferem das suas contrapartes físicas em vários aspectos importantes, esta análise centra-se nelas em particular (Hussain *et al.* 2020).

As misturas de nanopartículas B20+Al_2O_3 demonstraram uma estabilidade e homogeneidade excepcionais quando testadas num motor diesel. Quando comparada com a B20 sem aditivos. Utilizando gasolina contendo nanopartículas de B20+Al_2O_3, a quantidade de PM foi reduzida. Para além disso, a massa foi reduzida e o diâmetro médio das partículas aumentou 9,2% quando foram aplicadas concentrações variadas de nanopartículas ao B20 sob cargas variáveis do motor. De acordo com os resultados, os parâmetros de combustão foram afectados de forma mais significativa pelas nanopartículas de Al_2O_3 a uma concentração de 100 mg/l (Rajasekar & Naveenchandran 2021).

1.11 CONCLUSÃO

Em conclusão, o aquecimento global, causado pela emissão de carbono e outros gases com efeito de estufa, é uma questão crítica que coloca desafios significativos ao nosso planeta e à humanidade. As consequências das alterações climáticas, incluindo o aquecimento global, já são evidentes em vários aspectos da vida, como a deterioração do ecossistema, o aumento das secas, as alterações na agricultura, a contaminação do solo e da água, a perda de biodiversidade, entre outros. O ritmo do aquecimento global é alarmante e põe em risco a vida humana.

Um dos principais factores que contribuem para o aquecimento global é a combustão de combustíveis fósseis, que não só provoca a poluição do ar e problemas de saúde, como também intensifica o efeito de estufa. A utilização excessiva de combustíveis fósseis resultou numa crise energética, devido à diminuição das reservas de combustível, e emitiu grandes quantidades de dióxido de carbono, um dos principais gases com efeito de estufa As emissões dos veículos, sobretudo dos automóveis e camiões, são uma fonte significativa de aquecimento global. São responsáveis por cerca de um quinto de todas as emissões, principalmente a partir do tubo de escape dos automóveis. O sector dos transportes, incluindo automóveis, aviões, comboios e navios, é responsável por um terço de todas as emissões de gases com efeito de estufa a nível mundial. A Índia, em particular, é o quarto maior emissor mundial de gases com efeito de estufa e enfrenta graves problemas de poluição atmosférica.

A poluição atmosférica causada pelas emissões veiculares, especialmente pela utilização de combustíveis fósseis, tem efeitos prejudiciais para a saúde humana, que vão desde perturbações respiratórias e cardiovasculares até à morte prematura. A necessidade da Índia de combustíveis fósseis deve-se à sua grande população e à crescente procura de energia. No entanto, a dependência dos combustíveis fósseis, em especial do petróleo bruto, é insustentável e contribui para a poluição e para os efeitos adversos para a saúde.

Os biocombustíveis de primeira geração são produzidos a partir de matérias-primas comestíveis convencionais, como os açúcares e os cereais, mas a sua utilização em culturas alimentares pode conduzir a conflitos entre a produção de alimentos e a produção de energia. Os biocombustíveis de segunda geração utilizam resíduos não comestíveis e desperdícios de culturas alimentares ou matérias-primas não comestíveis. Os biocombustíveis de terceira geração, como os derivados de microalgas, oferecem ainda mais potencial, uma vez que podem produzir um maior rendimento de óleo e podem ser cultivados em várias massas de água sem competir com a terra.

O óleo de algas, um biocombustível de terceira geração, surgiu como uma fonte de combustível alternativa promissora devido ao seu elevado potencial de rendimento e à capacidade de ser cultivado em massas de água. O óleo de algas tem o potencial de reduzir significativamente a dependência dos combustíveis fósseis e as emissões de gases com efeito de estufa.

Embora existam desafios a superar, como a redução dos custos de produção, a investigação em curso e os avanços no cultivo de algas e nas técnicas de extração de óleo fazem do óleo de algas um substituto economicamente mais viável do petróleo.

As microalgas, em particular, têm um grande potencial como matéria-prima para biocombustíveis devido ao seu cultivo simples, rápido desenvolvimento de biomassa e elevado teor de lípidos. A utilização de microalgas como fonte de lípidos para a produção de biodiesel pode oferecer numerosos benefícios.

Em conclusão, a resposta ao aquecimento global e aos desafios que lhe estão associados exige uma transição para fontes de energia alternativas com menos emissões. Os biocombustíveis, nomeadamente os biocombustíveis à base de algas, constituem uma solução viável. O cultivo e a utilização de microalgas como matéria-prima para biocombustíveis podem contribuir significativamente para reduzir as emissões de gases com efeito de estufa e atenuar os efeitos nocivos do aquecimento global. No entanto, são necessários mais investigação, desenvolvimento e investimento para aproveitar plenamente o potencial dos biocombustíveis e garantir um futuro sustentável e mais verde para o nosso planeta.

CAPÍTULO 2

REVISÃO DA LITERATURA

Os motores de ignição por compressão funcionam com gasóleo de origem fóssil e o principal objetivo da investigação é identificar uma alternativa mais sustentável. Durante a investigação, a substituição do gasóleo de origem fóssil por óleos à base de algas produziu um resultado melhor. A fim de obter uma melhor perceção da fonte de óleo existente e das suas dificuldades práticas, foi efectuada uma pesquisa bibliográfica detalhada.

O biodiesel derivado da alga Botryococcus braunii tem sido amplamente investigado na comunidade científica como uma potencial fonte de combustível alternativa para motores a gasóleo. A revisão da literatura sobre o funcionamento do biodiesel de algas Botryococcus braunii foi iniciada pela análise de uma revisão pormenorizada da literatura. Os pormenores da análise da literatura são apresentados nas secções seguintes.

2.1 ÓLEO DE ALGAS: UMA FONTE ALTERNATIVA VIÁVEL PARA O GASÓLEO

Verificou-se que a principal preocupação na substituição completa por bio-óleo é a maior viscosidade que este possui. Após estudos mais aprofundados, o investigador deparou-se com um segmento de bio-óleo com menor viscosidade em comparação com o gasóleo. Nautiyal *et al.* (2020) classificou, a produção destes biocombustíveis enfrenta limitações para atingir as metas de sustentabilidade na substituição do diesel de petróleo, proporcionando benefícios ambientais e promovendo o crescimento económico. Isto deve-se principalmente à concorrência com utilizações alternativas destas matérias-primas como produtos alimentares. Por outro lado, os biocombustíveis de segunda geração, como o óleo de microalgas, não dependem da produção de alimentos. A produção de óleo de microalgas é uma via promissora para a produção de biocombustíveis, uma vez que não compete com as fontes alimentares. Além disso, as microalgas podem ser cultivadas em vários ambientes, incluindo água doce, água do mar, bem como em terras não aráveis e marginais. Esta versatilidade permite uma maior flexibilidade e escalabilidade na produção. Além disso, os avanços nas técnicas de produção de microalgas têm o potencial de gerar biodiesel e co-produtos de maior valor. Isto significa que, para além do biodiesel, o processo de produção pode produzir subprodutos valiosos, acrescentando mais valor económico à indústria dos biocombustíveis.

Rajak *et al.* (2020) realizaram um estudo que revelou que a adição de microalgas spirulina ao sistema de combustível conduziu a uma redução da eficiência térmica dos travões e da temperatura de escape. Além disso, esta adição também contribuiu para reduzir as emissões de CO_2. De um modo geral, estes resultados demonstram o potencial da incorporação de misturas de biodiesel de microalgas spirulina para alcançar uma melhor eficiência de combustão e um impacto ambiental reduzido, particularmente em termos de emissões de CO_2

O estudo experimental de Giridharan *et al.* (2020) envolveu a mistura de biodiesel em vários níveis e o subsequente ensaio num motor diesel de injeção direta (DI). A mistura de biodiesel recentemente desenvolvida tem potencial para ser utilizada em automóveis e noutras indústrias relacionadas com a energia. O óleo de algas é o principal meio de produção de biodiesel e foram investigados diferentes níveis de mistura, nomeadamente B5, B15, B25 e B30. Os resultados indicam que a mistura B15 apresentou um desempenho geral e mecânico excecional no motor DI-diesel. Além disso, esta mistura demonstrou emissões mais baixas de monóxido de carbono (CO) e dióxido de carbono (CO_2) em comparação com outros níveis de mistura. Além disso, a utilização de misturas de biodiesel representa uma oportunidade para mitigar as emissões e reduzir o impacto ambiental. Em conclusão, o biodiesel, particularmente a mistura B15 derivada do óleo de algas, mostra um grande potencial para substituir os combustíveis convencionais. O seu excelente desempenho, associado a emissões reduzidas de CO e CO_2, torna-o uma escolha atraente para uma vasta gama de aplicações, incluindo transportes e várias indústrias relacionadas com a energia.

Zhao *et al.* (2021) referiram que o estudo se centrou na investigação do impacto da incorporação. A avaliação das emissões de escape foi realizada num motor monocilíndrico, utilizando misturas de combustível contendo nanopartículas de BaO misturadas com B20. Os resultados de vários estudos revelaram que a introdução de catalisadores conduziu a alterações nas emissões de escape. Estes resultados realçam o potencial da utilização de nanopartículas de BaO como catalisadores em misturas de biodiesel-diesel para melhorar as caraterísticas das emissões de escape. Embora os catalisadores tenham conduzido a níveis mais elevados de emissões de eletricidade, CO_2 e NO_x, também contribuíram para uma diminuição dos poluentes nocivos. Em resumo, a incorporação de nanopartículas de BaO como aditivos em misturas biodiesel-diesel em motores de ignição por compressão pode ter um impacto notável nas emissões de escape. Os resultados sugerem que a consideração cuidadosa destes aditivos pode ajudar a alcançar um equilíbrio entre a melhoria das emissões e o impacto ambiental global dos processos de combustão nos motores de ignição por compressão.

2.2 PRODUÇÃO DE BIODIESEL A PARTIR DE DIVERSAS MATÉRIAS-PRIMAS

As propriedades do óleo de algas em comparação com o gasóleo estão representadas no Quadro 2.1. As propriedades químicas e físicas importantes do óleo de algas são determinadas por métodos normalizados e comparadas com outras matérias-primas. Os resultados mostram que as densidades do óleo de algas são ligeiramente superiores às das outras matérias-primas. Do mesmo modo, a viscosidade cinemática e o ponto de inflamação do óleo de algas são superiores aos das outras matérias-primas. No entanto, o poder calorífico do óleo de algas é superior ao das outras matérias-primas.

Tabela 2.1- Propriedades dos combustíveis de todos os óleos						
Bens/combustíveis	Óleo de algas	óleo de canola	Óleo de Jatropha	Óleo de amendoim	Óleo de soja	Óleo de milho
Densidade a 20ºC (g/m³)	0.812	0.828	0.827	0.826	0.828	0.830
Viscosidade cinemática (mm²/s) a 40ºC	3.10	3.6	3.8	3.7	3.4	3.5
Poder calorífico (MJ/kg)	43880	43897	43894	42894	42912	44132
Ponto de inflamação (ºC)	55	57	58	57	56	59
Ponto de nuvem (ºC)	<-14	<-14	<-14	<-14	<-14	<-14
Ponto de fluidez (ºC)	<-14	<-14	<-14	<-14	<-14	<-14
Índice de cetano	53	51	53	50	52	53

O óleo de algas oferece benefícios ambientais significativos e elevados rendimentos em óleo, mas está atualmente limitado por elevados custos de produção e barreiras tecnológicas. Outras matérias-primas são economicamente mais viáveis e escaláveis com as infra-estruturas existentes, mas apresentam maiores riscos ambientais e preocupações de sustentabilidade. Em geral, a produção de óleo de algas é promissora para o futuro do biodiesel, mas requer avanços tecnológicos e reduções nos custos de produção para se tornar competitiva em relação às matérias-primas tradicionais.

Taher *et al.* (2020) exploraram os resultados deste estudo e compararam-nos com os obtidos na produção de Gás Natural Comprimido (GNC). Foi realizada uma análise detalhada do custo-benefício, indicando que a utilização de CO_2 supercrítico no processo de fabrico de biodiesel é, de facto, um empreendimento rentável. O processo de produção de biodiesel envolveu várias etapas-chave, começando com a extração de lípidos de Nannochloropsis gaditana utilizando CO_2 supercrítico. Este método permitiu uma extração eficiente dos lípidos, minimizando o impacto ambiental. Os lípidos extraídos foram depois sujeitos a transesterificação enzimática utilizando lipase imobilizada, resultando na produção de biodiesel de alta qualidade.

Manojkumar *et al.* (2020) investigaram vários óleos comestíveis, incluindo óleo de girassol, óleo de colza e outros. O estudo teve como objetivo otimizar o processo de produção de biodiesel, considerando diferentes fontes de óleo. A aplicação da RSM permitiu a determinação dos níveis óptimos das variáveis do processo que resultariam no maior rendimento e qualidade do biodiesel. Ao considerar as interações entre as variáveis, a investigação lançou luz sobre as relações intrincadas e os efeitos sinérgicos no processo de produção de biodiesel .

Kamran *et al.* (2020) exploraram o processo envolvido na utilização de hidróxido de potássio como catalisador. Inicialmente, as sementes de Elaeagnus angustifolia L foram recolhidas e secas para facilitar a extração do óleo. Verificou-se que as sementes tinham um teor global de óleo de 18%. A investigação investigou ainda as propriedades físicas e químicas do óleo extraído. Esta análise teve como objetivo compreender as caraterísticas do óleo de sementes de Elaeagnus angustifolia L e avaliar a sua adequação para a produção de biodiesel. Posteriormente, foi utilizada uma reação de transesterificação para converter o óleo em biodiesel. Os resultados do estudo revelaram que as propriedades físico-químicas do biodiesel produzido a partir de sementes de Elaeagnus angustifolia L cumpriram os requisitos especificados pelas normas ASTM D6751. Com base nestes resultados, pode inferir-se que o óleo de sementes de Elaeagnus angustifolia L tem um potencial significativo como fonte de combustível alternativa viável e amiga do ambiente. Ao utilizar esta matéria-prima residual para a produção de biodiesel, contribui-se para a redução dos resíduos e para a promoção da sustentabilidade no sector da energia.

Singh *et al.* (2021) investigaram a produção de biodiesel através da utilização de lipases co-imobilizadas em carvão ativado funcionalizado. Neste estudo, as lipases co-imobilizadas foram utilizadas para a conversão enzimática de biodiesel. Para aumentar a estabilidade e a reutilização da enzima, foram feitas modificações na superfície do carvão ativado. O principal objetivo da investigação foi desenvolver um método eficiente e sustentável para a produção de biodiesel. Para tal, foi utilizado um suporte de carbono ativado funcionalizado, no qual as lipases foram co-imobilizadas. Esta abordagem visava aumentar a atividade catalítica e a estabilidade das lipases, conduzindo a melhores taxas de conversão de biodiesel. Ao modificar a superfície do carvão ativado, foram introduzidos grupos funcionais para proporcionar um ambiente ideal para a imobilização das lipases. Esta modificação melhorou a interação entre as lipases e o suporte, resultando numa maior atividade enzimática e durabilidade. As lipases co-imobilizadas no suporte de carbono ativado funcionalizado foram então utilizadas na produção de biodiesel.

Kulandaivel *et al.* (2020) estudaram o potencial de utilização da biomassa de Mucor circinelloides para a produção de biodiesel. O estudo centrou-se na compreensão da capacidade da estirpe para acumular lípidos de armazenamento quando cultivada em vários meios com diferentes fontes de carbono. Além disso, a investigação examinou o processo de conversão de lípidos microbianos em biodiesel. Os resultados do estudo revelaram que o Mucor circinelloides apresentava uma elevada afinidade para assimilar açúcares e polissacáridos como fontes de carbono. Isto demonstrou a capacidade da estirpe para utilizar eficazmente estas fontes de carbono para a acumulação de lípidos. Os resultados indicaram ainda que os subprodutos agrícolas e industriais, incluindo fontes de sacarina e materiais lignocelulósicos, poderiam servir como substratos viáveis e económicos para a produção de óleo de célula única (SCO) a partir de Mucor circinelloides. Isto sugere que estes substratos têm o potencial de competir com outros processos industriais de produção de combustível.

Bhuiya *et al.* (2020) concluíram que o éster metílico de estearina de palma (PSOME) tem o potencial de satisfazer a procura moderna de combustível para transportes por parte dos consumidores, ao mesmo tempo que responde a preocupações ambientais. O óleo extraído das sementes de papoila tem um elevado teor de óleo de aproximadamente 50% e apresenta uma eficiência de conversão de cerca de 93% em éster metílico, tornando-o adequado para utilização como matéria-prima de biodiesel de segunda geração. Para sintetizar o PSOME, foi utilizado no estudo um processo de duas fases que envolve a esterificação e a transesterificação. O metanol foi utilizado como reagente, enquanto o H_2SO_4 e o KOH serviram como catalisadores. Inicialmente, procedeu-se à esterificação para minimizar a percentagem de PSOME. Posteriormente, o PSOME foi produzido através do processo de transesterificação. Os resultados da investigação demonstram que o PSOME pode ser fabricado com sucesso, produzindo uma composição de Ésteres Metílicos de Ácidos Gordos (FAME) que cumpre os requisitos estabelecidos pela ASTM e EN para o biodiesel.

Bashir *et al.* (2020) produziram biodiesel a partir de gordura castanha, um subproduto de estações de tratamento de águas residuais. A flutuação dos preços do petróleo bruto evidenciou a necessidade de fontes de energia alternativas. A gordura castanha, derivada de processos de tratamento de águas residuais, apresenta uma oportunidade promissora como potencial matéria-prima para a produção de biodiesel. Os resultados da investigação demonstraram que a gordura castanha pode ser eficazmente utilizada para produzir biodiesel de uma forma sustentável e amiga do ambiente. Dado que a gordura castanha é continuamente gerada nas linhas de esgoto e nas estações de tratamento de águas residuais, constitui um recurso renovável para a produção de biodiesel. Ao converter a gordura castanha em combustível, torna-se uma opção mais ecológica em comparação com a sua eliminação em aterros, onde libertaria metano e CO_2 sem servir qualquer propósito útil.

2. PAPEL DO BIODIESEL NO ENSAIO DE MOTORES DIESEL

2.3.1 Efeito das caraterísticas de combustão com biodiesel

Zerrakki *et al.* (2020) estudaram a viabilidade da utilização de misturas de combustíveis constituídas por álcool pesado e biodiesel de cártamo num motor diesel não modificado. No entanto, quando os álcoois pesados foram adicionados em proporções específicas ao biodiesel, observou-se uma melhoria significativa no desempenho do motor. Isto sugere que a utilização de misturas cuidadosamente formuladas de álcoois pesados com biodiesel pode melhorar o desempenho global dos motores diesel. Além disso, a inclusão de álcool na mistura de combustível contribuiu para a redução das emissões de NO_x. Isso pode ser atribuído à menor temperatura adiabática de chama associada ao álcool, bem como ao seu maior calor latente de vaporização. Estas propriedades do álcool como componente da mistura tendem a minimizar a produção de óxidos de azoto, que são poluentes nocivos

Uyumaz *et al.* (2020) apoiaram as melhorias observadas na eficiência da combustão e a subsequente redução das emissões alcançada quando se utiliza biodiesel no motor. Em particular, o estudo destacou o potencial do biodiesel para mitigar eficazmente as emissões de NO_x. Ao utilizar o biodiesel como combustível, o motor apresentou níveis mais baixos de emissões de NO_x em comparação com os associados ao gasóleo convencional. Este resultado sugere que o biodiesel tem a capacidade de contribuir para a preservação do ambiente, reduzindo a libertação de óxidos de azoto, que são poluentes conhecidos. Em termos gerais, a investigação fornece provas promissoras da viabilidade da substituição do gasóleo tradicional por biodiesel derivado do óleo de soja.

EL-Seesy *et al.* (2020). os parâmetros de emissão e combustão de interesse foram avaliados em diferentes condições de carga do motor para fornecer uma análise abrangente. Ao comparar o desempenho do motor que funciona com gasóleo puro e com as misturas de óleo de jojoba/gasóleo/n-butanol, os investigadores procuraram identificar potenciais melhorias na eficiência da combustão e nas caraterísticas das emissões. Ao examinar o processo de combustão e as emissões a várias cargas do motor, o estudo procurou determinar o impacto das misturas de combustível no desempenho do motor. O foco específico foi nas misturas constituídas por óleo de jojoba, gasóleo e n-butanol, que foram avaliadas em comparação com o gasóleo.

Liang *et al.* (2021) examinaram o estudo com o objetivo de fornecer uma compreensão abrangente da sua influência no funcionamento do motor. Esta informação é crucial para avaliar as potenciais vantagens e desvantagens da utilização de combustíveis misturados e técnicas de fumigação no motor a gasóleo testado. Os resultados da investigação contribuem com informações valiosas sobre as caraterísticas de combustão, o rendimento e as emissões do motor nos vários modos testados. Ao examinar os três modos diferentes a várias velocidades do motor, o estudo fornece informações importantes sobre os efeitos destas configurações de combustível no funcionamento do motor, preenchendo uma lacuna significativa no conhecimento atual.

Nayak *et al.* (2022) realizaram um trabalho de investigação diversificado para eliminar completamente o consumo de gasóleo. Este estudo utilizou um biodiesel obtido por transesterificação do óleo de Aamla misturado com um óleo de baixa viscosidade obtido de eucalipto. Isto foi feito para extrair as vantagens de ambos os combustíveis em termos de poder calorífico e índice de cetano do biodiesel e a menor viscosidade e ponto de inflamação do biocombustível. Estas misturas também apresentaram valores mais baixos de CO, HC e fumos, mas os NOx aumentaram devido a um aumento da taxa de libertação de calor. Concluiu-se, finalmente, que 30% de óleo de eucalipto com 70% de biodiesel de Aamla poderia muito bem ser utilizado para substituir completamente o uso de gasóleo.

2.3.2 Efeito das caraterísticas de desempenho com biodiesel

Yesilyurt *et al.* (2020) estudaram a investigação que envolveu a realização de ensaios tanto com gasóleo puro como com uma mistura de 20% de biodiesel (B20). A investigação centrou-se na avaliação do efeito combinado das misturas de combustível testadas. Foram realizados vários ensaios com o gasóleo e a mistura de B20, comparando o seu desempenho para avaliar o impacto das fracções de DEE como aditivo oxigenado.

Huang *et al.* (2020) realizaram uma série de experiências utilizando biodiesel de soja puro, bem como misturas de biodiesel com metanol a 10% e 20%, como combustíveis num motor diesel de injeção direta de 4 cilindros. No entanto, a cargas mais elevadas, registou-se um ligeiro aumento destas emissões. Nomeadamente, o biodiesel puro apresentou emissões de CO mais elevadas em comparação com os combustíveis misturados sob cargas pesadas. Além disso, o aumento do rácio de mistura de metanol resultou em emissões de HC mais elevadas, mas o efeito tornou-se menos pronunciado à medida que a carga se intensificava. As caraterísticas da combustão também foram examinadas, com destaque para o pico da taxa de libertação de calor (HRR). Além disso, quando a carga era baixa, a adição de metanol levou a uma diminuição da HRR de pico. No entanto, à medida que a carga aumentava para níveis médios ou pesados, a presença de metanol resultava numa elevação da HRR de pico.

2.3.3 Efeito das caraterísticas de emissão com biodiesel

Maawa *et al.* (2020) realizaram experiências utilizando um motor diesel não modificado para avaliar o desempenho de uma mistura de biodiesel e gasóleo (B20) emulsionada com quantidades variáveis de água. O estudo teve como objetivo avaliar as emissões de hidrocarbonetos (HC) e dióxido de carbono (CO_2) em diferentes condições de funcionamento. Isto sugere que a utilização de B20 como combustível levou a uma redução das emissões de HC.

De acordo com Gao et al.-2021, os motores Cummins multicilindros common-rail a 1500 rpm reagem de forma diferente a diferentes óleos essenciais. O gasóleo foi misturado com óleos essenciais como o óleo de laranja e o óleo de eucalipto a níveis de 5% e 10%. Estas misturas foram testadas no motor e comparadas com o gasóleo e o biodiesel de 10% de óleo alimentar usado. Entre os três óleos essenciais, o óleo da árvore do chá difere ligeiramente dos outros dois em termos de caraterização e valores de emissão. O óleo da árvore-do-chá emitiu mais CO, mas os óleos de eucalipto e de laranja emitiram menos CO e NO_x do que todas as outras misturas.

Hoang *et al.* (2021) avaliaram experimentalmente as emissões de fumo e de $NO_{(x)}$, que seguiram um padrão semelhante em todas as condições de carga. O fumo foi sempre inferior ao gasóleo, com a maior redução obtida para a mistura de 40%; da mesma forma, o NO_x aumentou para todos os valores de carga, com o maior NO_x encontrado para a mistura de 40%. Com o aumento da concentração de óleo de hortelã-pimenta, o atraso da ignição também aumentou. Concluiu-se que a utilização de óleo de hortelã-pimenta pode ser efectuada eficazmente até 40% se a redução das emissões for a principal preocupação, uma vez que, para além de 20%, os resultados de desempenho diminuem.

2.4 NANO ADITIVOS: INFLUÊNCIA NO DESEMPENHO DOS MOTORES DIESEL

Nagareddy *et al.* (2022) melhoraram o processo de combustão e reduziram as emissões de através da utilização de misturas de biodiesel misturadas com nanopartículas de óxido de cério. Com a adição de óxido de cério, ocorrem fenómenos de microexplosão, devido aos quais o processo de combustão é eficaz, reduzindo assim o consumo de combustível e aumentando a eficiência térmica. A combustão eficaz também ajuda a reduzir o HC e o CO, uma vez que o cério ajuda a oxidar o combustível com o oxigénio nele disponível. Outra vantagem da utilização do cério é a redução das emissões de fumo e de NO_x, que aumentam com o aumento da dosagem do aditivo. Concluiu-se que o cério actua como um tampão de oxigénio, na medida em que absorve O_2 durante a redução e o dessorve durante o processo de oxidação, reduzindo assim todos os resultados das emissões.

Também se registou um pico de pressão mais elevado com a adição de nanopartículas. Em termos de factores de desempenho, verificou-se que 40 mg/l de concentração de nanopartículas proporcionam resultados de desempenho máximos, com um aumento de 15% do BTE, e o consumo de combustível foi reduzido em 12% com a adição de nanopartículas. Concluiu-se que tanto o desempenho como os aspectos de emissão seriam equilibrados numa dosagem de 30 mg/l de nanopartículas de alumínio com uma mistura de 20% de éster metílico de jojoba com gasóleo (Zhang *et al.* (2021).

Awad *et al.* (2020) examinaram os efeitos da mistura do nano aditivo óxido de alumínio com uma mistura de combustível diestrol em várias concentrações. A análise foi efectuada num motor diesel monocilíndrico HATZ-1B30-2 de 5,4 kW arrefecido a ar. O diestrol é a combinação de gasóleo, etanol e biodiesel. Uma vez que o etanol é imiscível com o gasóleo, foi adicionado biodiesel para formar uma mistura homogénea. A redução da pressão de pico e da eficiência térmica obtida devido ao diestrol foi superada pela adição de um nano aditivo de alumínio. O consumo de combustível foi reduzido em 20% e o período de atraso da ignição também foi consideravelmente reduzido.

Kumar *et al.* (2022) afirmaram que a única forma de reduzir simultaneamente as emissões nocivas baseadas no combustível e na temperatura é utilizar o nano aditivo juntamente com a fonte de combustível. O seu estudo sobre a influência do aditivo no nível das propriedades resultou num aumento do cetano e do valor de aquecimento do combustível , com a penalização de um aumento da viscosidade. Do ponto de vista do comportamento do motor, como causa das propriedades melhoradas, os nanofluidos resultaram num aumento da eficiência do motor e na redução das emissões nocivas pelo tubo de escape. Os inconvenientes apontados foram o custo, a obstrução da injeção no funcionamento a longo prazo e a durabilidade.

2. LACUNA NA INVESTIGAÇÃO

Uma revisão da literatura revela que a maioria das experiências se centrou na otimização da mistura de biodiesel com gasóleo normal em várias proporções. Foi utilizado um nano aditivo adequado a uma temperatura pré-determinada durante um período de tempo e emissões de NOx mais elevadas a temperaturas elevadas e combustão incompleta do biodiesel. Alguns dos trabalhos de investigação sobre o gasóleo normal misturado com nano aditivos referem a utilização de nano aditivos. A utilização de misturas de biodiesel e nanoaditivos para melhorar a combustão, o desempenho e reduzir as emissões em motores de ignição por compressão monocilíndricos foi muito menos estudada do que em motores multicilíndricos. O desempenho do motor e as emissões de escape do combustível foram avaliados utilizando as propriedades físico-químicas. Foi examinado um combustível de ensaio BBAME contendo nanopartículas de CuO_2, CeO_2 e Al_2O_3, tendo sido efectuadas medições de várias caraterísticas do motor, tais como BTE, BSFC, HC, CO, NOX e fumos.

2. CONCLUSÃO

Em conclusão, a revisão da literatura indica que os trabalhos experimentais anteriores no domínio do biodiesel se centraram principalmente na otimização do biodiesel e da sua mistura com o gasóleo normal. Alguns estudos exploraram também a utilização de nanoaditivos no gasóleo normal. Esta lacuna na investigação realça a necessidade de explorar a utilização de nanopartículas comuns, económicas e ecológicas, como CuO_2, CeO_2 e Al_2O_3, como aditivos para a preparação de misturas de biodiesel. O objetivo é explorar as aplicações a longo prazo destes aditivos em motores monocilíndricos de ignição por compressão, fornecendo, em última análise, um apoio valioso à comunidade em geral. Estas propriedades físico-químicas fornecem informações importantes sobre as caraterísticas dos combustíveis em estudo.

Em termos gerais, esta investigação tem como objetivo contribuir para o desenvolvimento de misturas de biodiesel melhoradas, explorando os efeitos das nanopartículas de CuO_2, CeO_2 e Al_2O_3 como aditivos. Os resultados deste estudo esclarecerão os potenciais benefícios da utilização destas nanopartículas em misturas de biodiesel, abordando a lacuna de investigação identificada. Além disso, a investigação fornecerá informações valiosas sobre o desempenho do motor e as caraterísticas das emissões dos combustíveis de ensaio, o que pode contribuir para o avanço de motores de ignição por compressão mais limpos e mais eficientes. Em última análise, esta investigação procura apoiar a comunidade em geral, promovendo a utilização de misturas de biodiesel amigas do ambiente e rentáveis na procura de soluções energéticas sustentáveis.

CAPÍTULO 3

PRODUÇÃO DE BIODIESEL E SUAS MISTURAS

3.1 ÓLEO DE ALGAS COMO FONTE DE RENDIMENTO PARA A PRODUÇÃO DE BIODIESEL

O desenvolvimento de microalgas está a ganhar cada vez mais atenção por parte de analistas e visionários empresariais como uma matéria-prima de biodiesel não sustentável, inferível da substância oleosa, que é rápida e eficiente. Em alguns crescimentos verdes, 30% do óleo (/wt) está contido na biomassa. Noutro, 70% do óleo (/wt) está contido na biomassa. A comparação do rendimento de óleo na matéria-prima do biodiesel é mostrada na Figura 3.1.

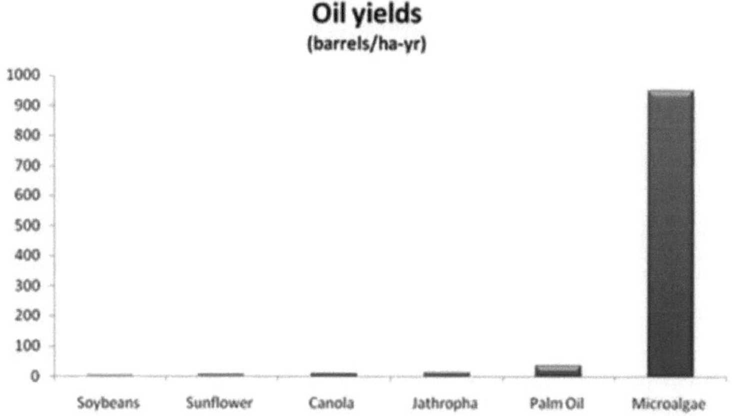

Figura 3.1 Comparação do rendimento em óleo da matéria-prima do biodiesel

As microalgas, com 30% de teor de óleo na biomassa seca, têm potencial para produzir aproximadamente 58.700 litros por hectare, superando a produção de soja na mesma área. Além disso, o teor de 30% de óleo é comum entre as algas, sendo que algumas espécies como Chlorella vulgaris e

Botryococcus braunii podem chegar a impressionantes 70% de óleo. Utilizando estas algas com 70% de teor de óleo como matéria-prima, a produção de biodiesel poderia atingir 121.104 kg por hectare anualmente, o que indica a possibilidade de substituir totalmente o gasóleo fóssil pela produção de óleo de algas. É de salientar que as algas podem consumir dióxido de carbono como fonte de carbono para o seu crescimento, contribuindo para a redução das emissões de CO_2 e para a produção de uma elevada biomassa de microalgas. Os óleos de microalgas, comparáveis aos produzidos por culturas como a soja, podem ser utilizados diretamente para alimentar motores a gasóleo ou misturados com combustível de petróleo (Nazloo *et al.* 2022)

3.2 BIODIESEL: MÉTODOS E PROCESSOS DE PRODUÇÃO

A biomassa da microalga Botryococcus braunii é seca durante cerca de 6-7 dias à luz do sol até atingir uma cor castanha. É utilizado um sistema de prensagem hidráulica para extrair o óleo da biomassa, que tem uma concentração notável de ácidos gordos livres (AGL) superior a 2%. Para converter o óleo bruto em biodiesel, é implementado um processo de duas fases, envolvendo a esterificação de base ácida e a transesterificação catalisada por álcool. O reator, pré-aquecido a 60°C, recebe o óleo cru juntamente com uma mistura de metanol (numa proporção de 9:1 de CH_3OH para óleo) e H_2SO_4 1%. Durante três horas, o reator é agitado a uma velocidade constante de 600 rotações por minuto. O óleo aquecido foi misturado com 200 mililitros de metanol e 2% de NaOH. A mistura foi agitada durante uma hora a 600 rpm enquanto era aquecida a 60°C. O biodiesel separou-se do glicerol após aproximadamente 6-8 horas. As restantes partículas de água foram então removidas por aquecimento do biodiesel a 100°C. A Figura 3.2 mostra um esquema do processo de transesterificação do biodiesel de óleo de algas. 200 mililitros de biodiesel de óleo de algas e 800 mililitros de gasóleo foram combinados para criar a mistura utilizando um agitador magnético.

Figura 3.2 Transesterificação para a produção de biodiesel

3.3 ANÁLISE FT-IR

A fim de determinar as classes funcionais do biodiesel derivado do óleo de algas Botryococcus braunii, foi efectuada uma análise FTIR (infravermelho com transformada de Fourier). A Figura 3.3 ilustra o espetro FTIR do biodiesel de óleo de algas Botryococcus braunii, medido utilizando a espetroscopia Shimadzu na gama de 4000-400 cm^{-1} com uma resolução de 1,0 cm^{-1}. Nesta gama, o grupo carbonilo (C=O) apresenta dois picos de absorção distintos na região de 3000-2700 cm^{-1}, enquanto as vibrações de estiramento axial assimétrico de podem ser observadas na gama de 1500-1000 cm^{-1} no biodiesel. Especificamente, o estiramento de carbonilo é observado a 1460,10 cm^{-1} e 1744,12 cm^{-1}, enquanto o estiramento do grupo metilo é visível a 2921,98 cm^{-1} e 2853,61 cm^{-1}. Além disso, as vibrações assimétricas estão associadas ao estiramento C-O no biodiesel (Sujesh *et al.* 2020).

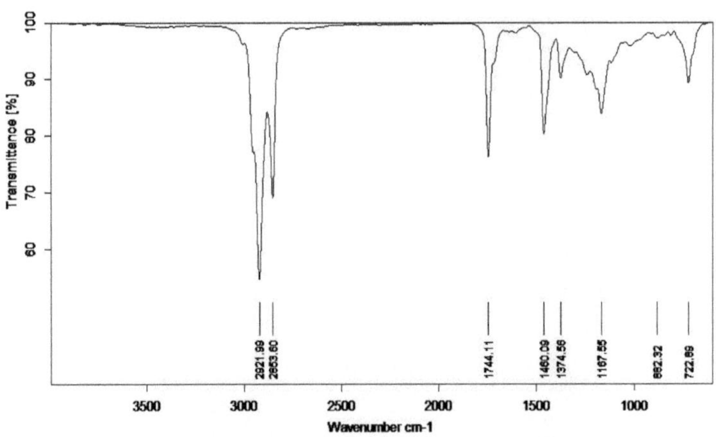

Figura 3.3 Espectro FT-IR - óleo de alga Botryococcus braunii

3.4 TRANSESTERIFICAÇÃO DE ÓLEO DE ALGAS

O biodiesel pode ser produzido através de vários métodos, incluindo a pirólise, a microemulsão e a transesterificação. Entre estes métodos, a transesterificação é particularmente eficaz na redução da viscosidade dos triglicéridos. A transesterificação envolve a deslocação do álcool de um éster com a ajuda de outro álcool. Um solvente de transesterificação comum inclui metanol, etanol, propanol e butanol, que são álcoois de cadeia curta. Neste caso específico, o biodiesel é derivado do óleo da alga Botryococcus braunii através do processo de transesterificação. A Figura 3.4 ilustra a reação de transesterificação utilizada para a produção de biodiesel.

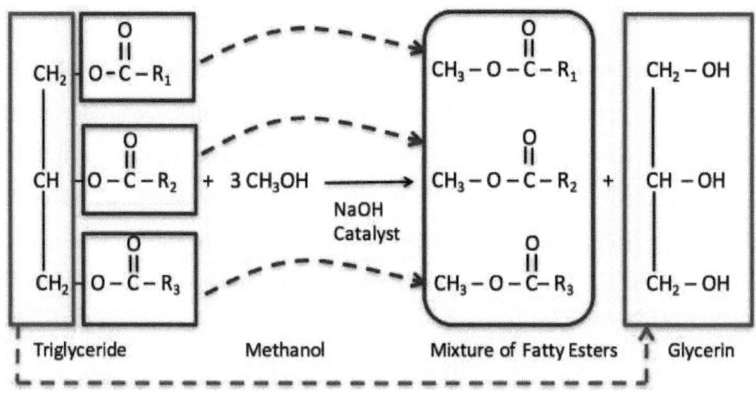

Figura 3.4 Transesterificação

Os álcalis, os ácidos e as enzimas podem ser utilizados como catalisadores para as reacções de transesterificação. Entre estas opções, os catalisadores alcalinos e ácidos ganharam mais atenção devido ao seu curto tempo de reação e à sua relação custo-eficácia em comparação com os catalisadores enzimáticos. Num catalisador ácido, o grupo carbonilo recebe um protão, enquanto que num catalisador básico, o álcool é purgado de um protão. O teor de ácidos gordos livres (AGL) no óleo bruto influencia a seleção de catalisadores ácidos e alcalinos. O teor de AGL e de humidade do óleo de algas é utilizado principalmente para avaliar a viabilidade do processo de transesterificação. O teor de AGL deve ser minimizado quando se utiliza um catalisador alcalino. É bem sabido que as variáveis que afectam o processo de transesterificação têm de ser optimizadas porque a adição excessiva de catalisador pode levar à formação de emulsões. De acordo com Ayhan et al. (2020), a presença de água e níveis elevados de AGL resultam numa diminuição do rendimento de ésteres alquílicos, uma vez que conduzem à formação de sabão, que consome uma quantidade significativa de catalisador e diminui a eficiência do processo. Para aumentar a taxa de reação e o rendimento, é normalmente utilizado um catalisador.

A reação de transesterificação é, em teoria, um processo de equilíbrio. Ao utilizar uma maior quantidade de metanol, o equilíbrio da reação é deslocado para a direita, resultando na produção de mais ésteres metílicos, o produto final desejado . Um catalisador alcalino é normalmente utilizado na transesterificação alcalina de óleos com um teor de AGL inferior a 3%. No entanto, se o teor de FFA atingir 3% ou mais, é necessário um passo inicial de esterificação ácida, utilizando um catalisador ácido, seguido de transesterificação alcalina. Antes de iniciar o processo de transesterificação alcalina, o processo de esterificação ácida pode ser repetido se os níveis de FFA não forem reduzidos para os 3% exigidos. A esterificação ácida oferece várias vantagens, incluindo o aumento do rendimento, a melhoria da seletividade e a redução da corrosão. Para determinar a quantidade apropriada de NaOH a ser adicionada, Especificamente,

Para 1 litro de óleo de algas Botryococcus braunii, são adicionados 200 ml de metanol e a quantidade de NaOH a adicionar baseia-se nos AGL indicados no Quadro 3.1. Para calcular a percentagem de AGL a partir de um valor de titulação, é utilizada a seguinte fórmula.

$$FFA = \frac{28.2*(0.1N)NaOH*Burette\ Reading}{W} \quad \text{------(3.1)}$$

Onde,

Leitura da bureta - Volume da solução de titulação (ml)

N - Normalidade da solução de titulação (0,1 g/l)

W- Peso da amostra de óleo (10 g) e

28.2- Peso molecular do ácido oleico dividido por 10

Quadro 3.1 Cálculo de NaOH com base em AGL

FFA	Quantidade de NaOH (g)
0	3.6

1	4.6
2	5.6
3	6.6
4	7.6

3.5 CARACTERIZAÇÃO DE NANOPARTICULOS DE CuO_2

O SEM e o EDS foram utilizados no estudo de Krishania *et al.* (2020) para caraterizar as nanopartículas de CuO_2. A equação de Scherer foi usada para calcular o tamanho médio das nanopartículas de CuO_2 $D = K \lambda / \beta \cos\theta$, K geralmente representa 0,98, D a dimensão do cristal, X representa o comprimento de onda dos raios X e D o ângulo de difração. Aplicando esta equação, foi determinado que o tamanho médio das nanopartículas de CuO_2 era de 62 nm. A Figura 3.5 do estudo mostra uma imagem SEM das nanopartículas de CuO_2 com uma ampliação de 50.000X. A imagem SEM mostra que o tamanho médio das nanopartículas de CuO_2 varia entre 48,13 nm e 53,12 nm. Além disso, a análise EDS confirmou que as nanopartículas de CuO_2 contêm tanto Cu como O_2. Esta técnica permite a identificação e quantificação de elementos presentes numa amostra, apoiando ainda mais a caraterização das nanopartículas.

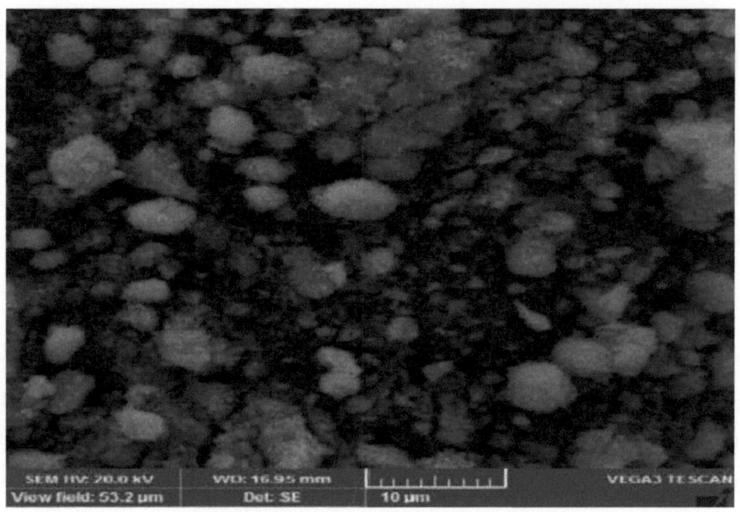

Figura 3.5 Imagem SEM (CuO_2)

3.6 CARACTERIZAÇÃO DE NANOPARTICULAS DE CeO_2

A caraterização das nanopartículas de CeO2 foi investigada por Agbulut *et al.* (2021) utilizando SEM e EDS. Usando a equação de Scherer, D = K / csoh, o tamanho médio das nanopartículas de CeO_2 pode ser calculado, enquanto K geralmente tem um valor de 0,98. Para além do diâmetro da altura máxima, do comprimento de onda da radiação de raios X e do ângulo de difração, existe também um valor para D. Utilizando esta equação, foi determinado que o tamanho médio das nanopartículas de CeO_2 era de 49,2 nm. A imagem SEM 3.6 mostra as nanopartículas de CeO_2 com uma ampliação de 50.000X no estudo. Com base na imagem SEM, verificou-se que o tamanho médio das nanopartículas de CeO_2 variava entre 48,49 e 98,78 nm. A composição das nanopartículas de CeO_2 continha Ce e O_2, como confirmado por EDS. A análise EDS é uma técnica que permite a identificação e quantificação de elementos numa amostra, apoiando assim a caraterização das nanopartículas.

Figura 3.6 Imagem SEM (CeO_2)

3.7 CARACTERIZAÇÃO DE NANOPARTICULOS DE AL_2O_3

As técnicas SEM e EDS foram utilizadas num estudo de Khan et al. (2022) para caraterizar nanopartículas de Al_2O_3. A equação de Scherer foi utilizada para calcular o tamanho médio das nanopartículas de Al_2O_3, e K nesta equação tem um valor de 0,98. Utilizando esta equação, o tamanho médio das nanopartículas de Al_2O_3 foi determinado como sendo 63 nm. Foi utilizada uma técnica de imagem SEM para examinar melhor a morfologia das nanopartículas e o tamanho médio das partículas. A figura 3.7 do estudo mostra uma imagem de ampliação de 50.000X das nanopartículas de Al_2O_3. Utilizando a análise de imagens SEM, descobriu-se que o tamanho médio das nanopartículas de Al_2O_3 variava entre 46,13 e 65,54 nm. Confirmou-se que as nanopartículas de Al_2O_3 continham tanto Al_2 como O_3 através da análise EDS. A análise EDS é uma técnica que permite a identificação e a quantificação de elementos numa amostra, apoiando assim a caraterização das nanopartículas.

Figura 3.7 Imagem SEM (Al_2O_3)

3.8 PREPARAÇÃO B20

As misturas B20, que incluem biodiesel e gasóleo puro, foram criadas misturando-as com precisão em proporções volumétricas. No caso da mistura BBAME B20, 20% de biodiesel de óleo de algas foi combinado com 80% de gasóleo puro utilizando um agitador magnético.

3.8.1 Preparação de nano misturas

Neste estudo, foi observada uma gama de tamanhos de partículas utilizando nanopartículas de CeO_2 obtidas da Sigma Aldrich. A Tabela 3.3 fornece informações completas sobre as nanopartículas de CuO_2, CeO_2 e Al_2O_3. Para dispersar as nanopartículas (CuO $_2$, CeO $_2$ e Al $_{(2)}$ O $_{(3)}$), que estavam presentes em uma concentração de 50 ppm, um ultrassom foi utilizado em conjunto com a mistura de biodiesel de óleo de algas Botryococcus braunii (B20), conforme descrito por Aydin *et al.* (2020) Ultrassom foi conduzido por 45 minutos a uma frequência de 50 kHz e 120 W, como ilustrado na Figura 3.8.

Figura 3.8 Combustíveis biodiesel misturados com nanopartículas

Tabela 3.2 Especificações das nanopartículas

Nanopartículas	Fabricante	Denominação química	Tamanho médio das partículas	Área de superfície específica	Aparência
CuO_2	M/s. sigma-aldrich.USA	Óxido de cobre	>50 nm	> 98 m^2/g	Cor preta
CeO_2	M/s. sigma-aldrich.USA	Óxido de cério	>25 nm	> 12 m^2/g	Cor branca
Al_2O_3	M/s. sigma-aldrich.USA	Óxido de alumínio	>60 nm	> 45 m^2/g	Cor branca

A amostra de combustível preparada foi identificada com o código B20+50ppm. O mesmo procedimento foi seguido para criar B20+100ppm. As normas ASTM foram utilizadas para avaliar as propriedades dos combustíveis B20, B20+50ppm e B20+100ppm.

Neste estudo, foram preparadas as seguintes nano-misturas.

Tabela 3.3 Nano misturas e seu rácio de mistura

NOME DA MISTURA	PROPORÇÃO DE MISTURA
B20	80% gasóleo+ 20% BBAME
B20 CuO_2 50	80% Gasóleo+ 20% BBAME + CuO2(50ppm)
B20 CeO_2 50	80% Gasóleo+ 20% BBAME + CeO2 (50ppm)
B20 Al_2O_3 50	80% Gasóleo+ 20% BBAME + Al2O3 (50ppm)
B20 CuO_2 100	80% Gasóleo+ 20% BBAME + CuO2(100ppm)
B20 CeO_2 100	80% gasóleo+ 20% BBAME + CeO 2(100ppm)
B20 Al_2O_3 100	80% Gasóleo+ 20% BBAME + Al2O3 (100ppm)
MET20%	B20+ 20% Metanol
PTU20%	B20 + 20% Octogonal

3.9 ANÁLISE DAS PROPRIEDADES QUÍMICAS DOS COMBUSTÍVEIS

As propriedades do combustível BBAME (mistura de biodiesel de óleo de algas Botryococcus braunii) com e sem nanopartículas foram avaliadas utilizando as normas ASTM. Existem várias propriedades listadas na Tabela 3.3, incluindo a densidade, a viscosidade cinemática, o ponto de inflamação, o ponto de fluidez, o ponto de turvação e o valor calorífico.

Tabela 3.4 Análise das propriedades químicas

Propriedade-Densidade a 20ºC (g/cm^3)			
Nanoaditivos	**CeO_2**	**Al_2O_3**	**CuO_2**
B20	0.822	0.822	0.822
B20+50ppm	0.828	0.821	0.826
B20+100ppm	0.833	0.824	0.833
Propriedade- Viscosidade cinemática (mm^2/s) a 40 C°			
B20	3.8	3.8	3.8
B20+50ppm	3.8	3.7	4.7
B20+100ppm	3.10	3.8	4.8
Propriedade- Ponto de inflamação(° C)			
B20	38	38	38
B20+50ppm	47	44	41
B20+100ppm	49	45	43
Propriedade- Ponto de fluidez/ponto de nuvem (° C)			
B20	<-14	<-14	<-14
B20+50ppm	<-14	<-14	<-14
B20+100ppm	<-14	<-14	<-14
Propriedade - Poder calorífico (kJ/kg)			
B20	41242	41242	41242
B20+50ppm	41842	41502	41632
B20+100ppm	42938	42495	42578
Propriedade- Índice de cetano (calculado como índice de cetano)			
B20	54	54	54
B20+50ppm	56	55	56
B20+100ppm	59	57	58

3.9.1 Viscosidade cinemática

A viscosidade de um fluido indica a resistência que este enfrenta ao fluxo em resultado da fricção interna quando uma parte do fluido se move sobre outra. No contexto do combustível, a viscosidade tem um impacto significativo no comportamento da injeção de combustível. Uma viscosidade mais elevada conduz geralmente a uma pior atomização da gasolina, resultando em problemas como a vaporização inadequada. Tanto a temperatura do banho de água como a do óleo podem ser registadas com um termómetro. Um viscosímetro Redwood é utilizado para determinar a viscosidade cinemática do óleo. Os resultados de todas as misturas não indicaram um aumento significativo da viscosidade cinemática, como mostra a Tabela 3.3.

3.9.2 Ponto de inflamação

O ponto de inflamação de um combustível é a temperatura mínima a que pode ser inflamado por uma fonte de ignição externa e está inversamente relacionado com a sua volatilidade. A determinação das temperaturas do ponto de inflamação do gasóleo é crucial para garantir a segurança e o manuseamento correto. Neste ensaio, o copo de ensaio do aparelho é enchido com uma quantidade específica do produto petrolífero que está a ser ensaiado. A temperatura do produto é então aumentada rapidamente e, em seguida, aumentada de forma lenta e constante até se atingir o ponto de inflamação previsto. À medida que a temperatura aumenta, o produto petrolífero liberta uma maior concentração e densidade de vapores inflamáveis (Devarajan *et al.* 2020).

O ponto de inflamação refere-se à temperatura mais baixa à qual o vapor começa a inflamar-se na superfície de um líquido no momento em que uma pequena chama de ensaio é passada sobre a superfície do líquido. Este aparelho também pode ser utilizado para determinar o ponto de inflamação dos produtos petrolíferos, que se refere à ignição sustentada dos vapores durante, pelo menos, cinco segundos quando a chama de ensaio é aplicada. A Tabela 3.3 demonstra a variação dos pontos de inflamação do biodiesel com base no nível de dosagem, indicando uma diminuição consistente da volatilidade do combustível à medida que o número de aditivos aumenta.

3.9.3 Densidade

Para determinar com precisão a densidade de qualquer combustível, o picnómetro é amplamente utilizado. (Sujesh *et al.* 2020). Ao selar um picnómetro cheio no topo, qualquer excesso de líquido é descarregado através do orifício fino, permitindo uma medição precisa do volume de líquido que está a ser medido e operado. Uma densidade de combustível mais elevada permite um maior armazenamento de combustível num depósito e um bombeamento eficiente por uma bomba de combustível. A inclusão de nanopartículas de CuO_2, CeO_2 e Al_2O_3 nas misturas resultou em pequenos aumentos da densidade do combustível, como se observa na Tabela 3.3.

3.9.4 Índice de cetano

O índice de cetano é um parâmetro crítico que indica a velocidade de combustão e a consistência do combustível em aplicações de motores. Serve de contrapartida ao índice de octanas utilizado para a gasolina. A obtenção de níveis óptimos de eficiência, economia e emissões requer a injeção precisa de combustível no cilindro no momento correto de ignição. O Quadro 3.3 apresenta os índices de cetano dos combustíveis testados. medida que o índice de cetano aumenta, o consumo de combustível diminui, especialmente a baixas cargas. Ao aumentar o índice de cetano, a combustão é melhorada, levando a temperaturas mais elevadas na câmara de combustão. Os resultados da investigação sugerem que as temperaturas elevadas da câmara de combustão resultam numa redução do atraso do combustível e numa melhor ignição das nanopartículas. (Abdollahi *et al.* 2020).

3.9.5 Ponto de fluidez e ponto de nuvem

Quando a temperatura desce abaixo do ponto de fusão da gasolina, torna-se necessário aquecer todo o sistema de combustível. Adiciona-se álcool etílico ao revestimento à volta do frasco de vidro para assegurar um contacto adequado com o meio de arrefecimento. O pino do termopar é inserido na rolha de borracha, estendendo-se até ao centro do recipiente de vidro. Depois de ligar a chave, uma luz vermelha de néon indica o funcionamento. O arrefecimento demora normalmente cerca de 30 a 40 minutos após a ativação do sistema de refrigeração. No caso do biodiesel modificado com nanopartículas, não foram observadas alterações significativas nos pontos de névoa e de fluidez (Tabela 3.3). Isto indica que a adição de nanopartículas de CuO_2, CeO_2 ou Al_2O_3 ao biodiesel não tem um impacto notável nas suas propriedades a frio. Por conseguinte, não há necessidade de modificações substanciais no manuseamento dos combustíveis modificados em condições de frio. Estes resultados alinham-se com investigação anterior (Bello *et al.* 2020).

3.9.6 Poder calorífico

A combustão dos motores diesel envolve elementos como o enxofre, o hidrogénio, a biomassa e o oxigénio. O poder calorífico do combustível é diretamente afetado pela sua composição elementar. Os valores caloríficos dos combustíveis testados são apresentados na Tabela 3.3. À medida que os valores caloríficos aumentam, o consumo de combustível diminui, enquanto a dose de nanopartículas aumenta (Simsek *et al.* 2020).

3.10 OPTIMIZAÇÃO: PROCESSO DE TRANSESTERIFICAÇÃO

Há vários factores a considerar ao otimizar a reação de transesterificação do NO, incluindo a temperatura de reação (°C), a proporção de metanol para óleo, a concentração do catalisador (em percentagem de peso) e o tempo de reação (em percentagem de peso). É necessário estimar o grau de liberdade (DF) para determinar a matriz ortogonal para a investigação. Quando duas variáveis de projeto são fornecidas com dois níveis cada, o DF está relacionado com a interface através do produto dos DFs. Os níveis experimentais para cada parâmetro de reação são apresentados na Tabela 3.4.

Tabela 3.5 Otimização dos Parâmetros de Reação na Transesterificação: Níveis de Parâmetros

Parâmetro	Níveis		
	1	2	3
Reação de temperatura (°C)	30	45	60
Concentração do catalisador (% em peso) NaOH	0.8	1	1.2
Tempo de reação (hr)	1	2	3
Razão molar (metanol/óleo)	6:1	8:1	10:1

Com quatro factores de conceção, havia um total de oito graus de liberdade (DFs). Depois de determinar os DF necessários, o passo seguinte consiste em selecionar uma matriz ortogonal adequada que tenha um número igual ou superior de DF do que os parâmetros de conceção. Para analisar o espaço de parâmetros completo, foi necessário efetuar um total de nove execuções utilizando a matriz ortogonal L9. A Tabela 3.5 apresenta a disposição dos parâmetros de investigação para as quatro variáveis de resposta utilizando o modelo de matriz ortogonal L9.

Quadro 3.6 Esquema da investigação: L9 Orthogonal Array Design para otimização experimental.

Tempo de reação (min)	1	1	1	2	2	2	3	3	3
Razão molar (metanol/óleo)	1	2	3	1	2	3	1	2	3
Temperatura da reação (°C)	1	2	3	2	3	1	3	1	2
Concentração do catalisador (% em peso)	1	2	3	3	1	2	2	3	1

Os passos dados foram os seguintes:

- Construção de uma matriz experimental com base na técnica de Taguchi.

- Determinação dos parâmetros mais produtivos.
- Projeção da produção máxima potencial.
- Descobriu os níveis óptimos dos parâmetros do processo de transesterificação parâmetros do processo de transesterificação.
- Criou um modelo matemático para o melhor método utilizando a análise de variância (ANOVA).

3.11 OPTIMIZAÇÃO DOS PARÂMETROS DE REACÇÃO E ESTIMATIVA DO RENDIMENTO GLOBAL

O rendimento do éster metílico do óleo de microalgas Botryococcus braunii (BBAME) como biodiesel foi determinado calculando a razão entre o peso de BBAME produzido e o peso de C empregado no processo. A Tabela 3.6 apresenta os rendimentos de BBAME como biodiesel a partir do óleo de microalgas Botryococcus braunii, organizados em nove rodadas de condições previstas. Sob as mesmas condições de reação, cada reação foi repetida quatro vezes. Com base nos valores médios dessas observações, calculámos o rendimento do BBAME em percentagem.

$$Biodiesel\ yield\ (\%) = \frac{Weight\ of\ Biodiesel\ Produced}{Weight\ of\ oil\ used\ for\ reaction} \text{X } 100$$

Tabela 3.7 Rendimento do biodiesel

Exp. Não	Ensaio 1	Ensaio 2	Ensaio 3	Ensaio 4	Média	Média
1	80.10	79.22	79.51	79.61	79.61	86.67
2	85.12	85.59	85.58	85.78	85.52	
3	90.43	90.47	90.21	90.16	90.32	
4	88.31	88.42	88.39	88.53	88.41	
5	93.42	93.45	93.47	93.52	93.47	
6	78.64	78.59	78.56	78.53	78.58	
7	92.32	92.31	92.34	92.32	92.32	
8	83.58	83.69	83.42	83.49	83.54	

9	88.29	88.22	88.29	88.36	88.32	

Para a abordagem de Taguchi, foi criada uma matriz experimental com o rendimento BBAME como resposta a partir da percentagem de rendimento de saída adquirida para os nove conjuntos de ensaios enumerados no Quadro 3.7.

Tabela 3.8 Utilização do método Taguchi para otimizar o rendimento do biodiesel

Nº do conjunto	Tempo de reação (hr)	Razão molar	Reação de temperatura (ºC)	Concentração do catalisador (% em peso)	Rendimento BBAME (%)	Rácio S/N (η)
1	1	6:1	30	0.8	79.61	037.80
2	1	8:1	45	1	85.52	039.04
3	1	10:1	60	1.2	90.32	039.33
4	2	6:1	45	1.2	88.41	038.65
5	2	8:1	60	0.8	93.47	038.94
6	2	10:1	30	1	78.58	038.23
7	3	6:1	60	1	92.32	039.04
8	3	8:1	30	1.2	83.54	038.23
9	3	10:1	45	0.8	88.32	038.64

3.12 ANÁLISE DA RELAÇÃO SINAL-RUÍDO (S/N) PARA OPTIMIZAÇÃO DO RENDIMENTO DO BIODIESEL

O processo de Taguchi calcula a relação S/N para cada fator.

A equação da relação sinal/ruído (S/N) é

$$\frac{S}{N} = 10\log\frac{\mu^2}{\sigma^2} \qquad (3.1)$$

em que,σ - Desvio padrão,μ - Valor médio

A abordagem de Taguchi baseia-se nas percentagens de rendimento de produção obtidas para os nove conjuntos de ensaios enumerados no Quadro 3.7, que é a percentagem de rendimento de produção para a abordagem de Taguchi. Esta abordagem ajuda a identificar os níveis e parâmetros óptimos para prever os resultados desejados. Existem três tipos de rácios S/N disponíveis: o maior é o melhor, o menor é o melhor e o nominal é o melhor. Na nossa tarefa atual, em que se pretende obter uma produção máxima, o critério maior-que-o-melhor é aplicável, uma vez que representa o resultado desejado.

A relação S/N com menor é a melhor

$$\eta_{ij} = -10 \log\left[\frac{1}{n}\sum_{j=0}^{n} y_{ij}^2\right] \tag{3.2}$$

A relação S/N mais elevada é a melhor

$$\eta_{ij} = -10 \log\left[\frac{1}{n}\sum_{j=0}^{n} \frac{1}{y_{ij}^2}\right] \tag{3.3}$$

O rácio S/N com nominal é o melhor

$$\eta_{ij} = -10 \log\left[\frac{1}{n_s}\sum_{j=0}^{n} y_{ij}^2\right] \tag{3.4}$$

3.13 GRÁFICO DE EFEITOS PRINCIPAIS: RÁCIOS MÉDIOS SINAL-RUÍDO (SN) VS. VARIÁVEIS PARA O RENDIMENTO DO BIODIESEL VARIÁVEIS PARA O RENDIMENTO DE BIODIESEL

As relações sinal-ruído (S/N) são representadas em diferentes temperaturas, razões molares, concentrações de catalisador e durações de reação, sendo preferíveis valores mais elevados. Os rácios S/N são ilustrados na Figura 3.9. Com o aumento do tempo de reação, a produção de BBAME diminui de 1 hora para 2 horas. Com a continuação do aumento do tempo, a produção de BBAME aumenta de 2 horas para 3 horas. O rácio molar apresenta poucas alterações no rendimento à medida que aumenta de 6:1 para 8:1 e depois para 10:1. O rendimento do BBAME aumenta à medida que a gama de temperaturas aumenta de 30 para 60 graus Celsius. Além disso, o aumento da concentração do catalisador de 0,8% para 1% aumenta o rendimento, embora com retornos decrescentes. Especificamente, a temperatura da reação, a concentração do catalisador e a razão molar afectam a percentagem de rendimento. O rendimento do BBAME é mais afetado pelo tempo de reação, como mostra o gráfico. Para obter o rendimento do BBAME, é necessário cumprir os seguintes requisitos: tempo de reação padrão, razão molar padrão, temperatura padrão e concentração padrão do catalisador. De acordo com o método de Taguchi, 94% do rendimento pode ser previsto utilizando estes valores como níveis óptimos.

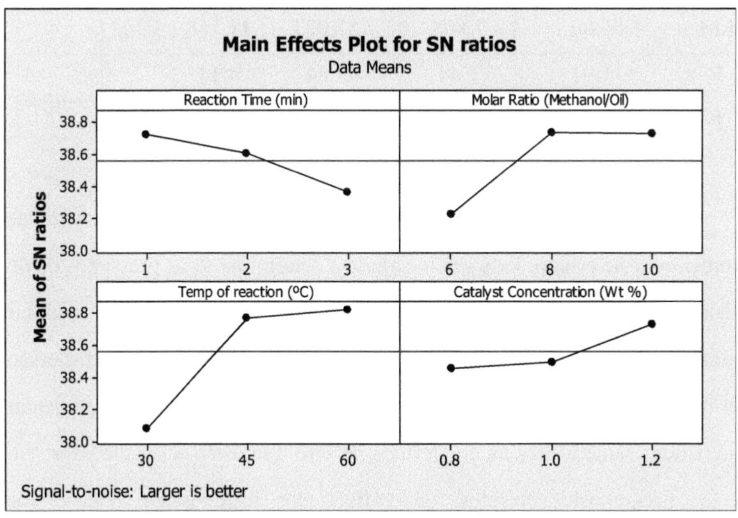

Figura 3.9 Gráfico do rácio sinal/ruído (SN) para o rendimento do biodiesel

3.14 MODELO ANOVA PARA ANÁLISE DO RENDIMENTO DO BIODIESEL

Com um nível de confiança superior a 95%, o tempo de reação foi excluído da análise de regressão por ter sido considerado relativamente insignificante. A Tabela 3.8 apresenta os resultados da análise de variância (ANOVA) para o modelo de regressão obtido.

Tabela 3.9 Análise de variância (ANOVA) Modelo e parâmetros de reação

Fonte	Modelo de Regressão	Razão molar	Temperatura de reação	Catalisador	Erro	Total
DF	3	1	1	1	5	8
SS	168.31	7.32	151.023	11.768	17.238	186.966
EM	56.80	7.808	151.023	11.768	4.122	
F	17.91	2.44	47.84	4.14		
P	0.008	0.198	0.004	0.147		

A figura 3.8 apresenta o gráfico residual para a percentagem de rendimento neste estudo. Este gráfico ajuda a determinar se os pressupostos do modelo utilizados no inquérito eram adequados. Os resíduos são medidas subjectivas de erro, com a sua média fixada em zero e uma dispersão determinada pelo desvio-padrão. A variância dos resíduos deve apresentar caraterísticas semelhantes às dos termos de erro que estão a ser medidos. No caso de pressupostos corretos, os gráficos dos resíduos em relação aos resultados previstos e a outras variáveis independentes devem apresentar padrões aleatórios.

Se permanecer alguma estrutura residual, os gráficos residuais podem sugerir melhorias no modelo para eliminar a estrutura. A análise residual foi efectuada para avaliar o desempenho do modelo. Os resíduos estão dispersos e não apresentam qualquer padrão específico, o que indica a competência do modelo. A Figura 3.10 ilustra o gráfico residual para a percentagem de rendimento e, em seguida, são apresentadas descrições de cada gráfico residual específico para o presente estudo.

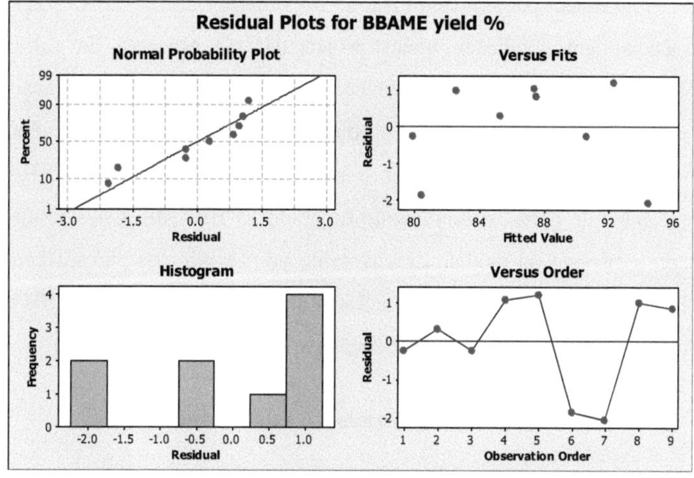

Figura 3.10 Diferentes gráficos residuais do modelo proposto.

3.15 ANÁLISE DAS INTERACÇÕES ENTRE PARÂMETROS

A matriz do gráfico de interação fornece informações sobre as relações entre diferentes parâmetros. As linhas paralelas no gráfico indicam que não existe uma relação significativa entre as variáveis. Além disso, o gráfico não fornece informações sobre a natureza da relação, mesmo que seja estatisticamente significativa. Durante a era do Design of Experiments (DOE), os gráficos de interação eram frequentemente utilizados para visualizar as interações. No caso da produção de combustível do BBAME. No entanto, não foi observada uma interação significativa com a percentagem de produção de combustível BBAME, conforme indicado pelas linhas paralelas no gráfico.

3.16 VALIDAÇÃO EXPERIMENTAL E VERIFICAÇÃO DO MODELO

O modelo de regressão gerado foi validado através da realização de experiências em condições ideais projectadas. O processo de validação envolveu a realização das experiências três vezes e a comparação da percentagem de rendimento real da produção com a percentagem de rendimento prevista. Nos ensaios confirmados, o rendimento experimental de BBAME correspondeu de perto ao rendimento esperado de BBAME. Estes resultados indicam a eficácia do modelo desenvolvido na previsão das percentagens de rendimento e o seu potencial para otimizar a reação de conversão de BBA em BBAME. A Tabela 3.9 ilustra a validação experimental de um modelo.

Quadro 3.10 Validação experimental

S. Não	Tempo de Reação (h)	Razão molar (Metanol/óleo)	de temperatura (°C)	Concentração do Catalisador (% em peso)	BBAME Rendimento (%)	
					Atual	Previsto
1	1	8:1	60	1	92.63	93.71
2	1	8:1	60	1	93.79	93.71
3	1	8:1	60	1	93.59	93.71

3.17 CONCLUSÃO

O método de transesterificação foi identificado como a técnica mais simples e mais eficiente para a produção de éster metílico de óleo de microalgas Botryococcus braunii (BBAME) a partir de óleos de microalgas Botryococcus braunii, conforme discutido em capítulos anteriores sobre métodos de preparação de biodiesel. Neste estudo, o hidróxido de sódio (NaOH) foi selecionado como catalisador devido ao seu baixo custo e ao curto tempo de reação. Verificou-se que estes parâmetros resultaram na conversão máxima do óleo de microalgas Botryococcus braunii em BBAME. Os resultados da investigação indicam que o biodiesel misturado com nanopartículas apresenta propriedades desejáveis e pode servir como uma opção de combustível alternativa eficaz em motores a gasóleo. Globalmente, o método de transesterificação utilizando NaOH como catalisador, com condições de reação óptimas, provou ser uma abordagem bem sucedida para a produção de BBAME de alto rendimento a partir de óleos de microalgas Botryococcus braunii. O estudo também destacou o potencial do biodiesel misturado com nanopartículas como um combustível substituto viável em motores a gasóleo.

CAPÍTULO 4

CONFIGURAÇÃO EXPERIMENTAL

4.1 INTRODUÇÃO

Foi utilizado um equipamento de ensaio especialmente concebido para efetuar vários ensaios em diversas condições de funcionamento. Cada aspeto do motor foi cuidadosamente examinado para garantir uma análise exaustiva. Foi tomado muito cuidado na seleção dos métodos experimentais e dos instrumentos de ensaio para minimizar potenciais erros. Nos parágrafos seguintes, iremos aprofundar as especificidades das configurações experimentais utilizadas ao longo desta investigação.

4.2 COMPONENTES DO MOTOR

4.2.1 Motor de teste

Este motor é conhecido pela sua capacidade de suportar pressões de pico elevadas devido à sua taxa de compressão substancial. Com o objetivo de avaliar o desempenho e os parâmetros de emissão em diversas condições de funcionamento, foi concebida uma configuração experimental avançada especificamente para realizar experiências num motor de ignição por compressão escolhido com vários tipos de combustível. As figuras 4.1 e 4.2 ilustram uma instalação experimental e um dispositivo de ensaio.

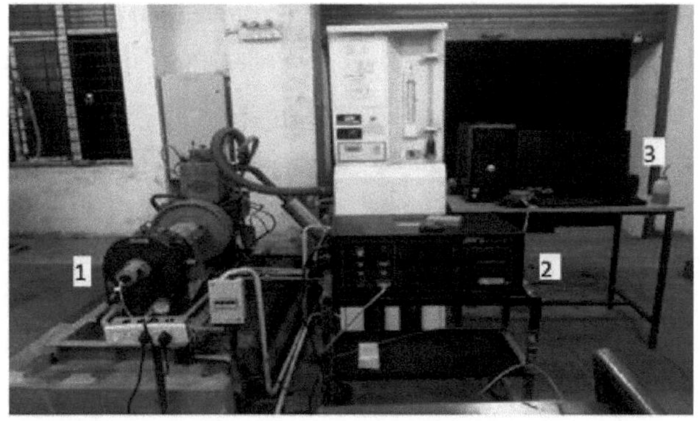

1. Medidor de dínamo de correntes parasitas 2. Medidor de fumos AVL 3. Sistema de aquisição de dados

Figura 4.1 Equipamento de ensaio experimental

Tabela 4.1 Especificações do motor de ensaio

Nome da empresa	Kirloskar
Taxa de compressão	16.5:1
Acidente vascular cerebral	110 mm
Temporização da injeção	23°BTDC
Ciclo	Quatro tempos
Volume de deslocamento	661 cc
Furo	87,5 mm
Número de cilindros	Um
Tipo de aquisição de dados	NIUSB-6210
Tipo de aquisição de dados Taxa de medição	100 ciclos
Fabricante do sensor	Kistler
Potência nominal	5,2 KW@1500 RPM
Tipo de sensores	sensor de pressão piezoelétrico (de 0 a 350 bar)
Tipo de contador de fumo	AVL 437 C
Pressão de abertura do bico	210 bar

Experimentalmente, foi utilizado um motor de combustão interna a quatro tempos, arrefecido a água, com injeção direta, naturalmente aspirado e arrefecido a água, com um único cilindro. O diâmetro e o curso deste motor eram de 87,5 milímetros e 110 milímetros, respetivamente. Com uma taxa de compressão de 16,5, gerava cerca de 5,2 kW de potência a 1500 rpm quando funcionava a uma velocidade constante de 1500 rpm. A pressão e a regulação da injeção devem ser de 210 bar e 23 graus antes do ponto morto superior (BTDC) para proporcionar um desempenho ótimo. Um resumo completo das especificações do motor pode ser encontrado no Quadro 4.1. Foi utilizado um pacote de software de análise do desempenho do motor Lab View para avaliar os parâmetros.

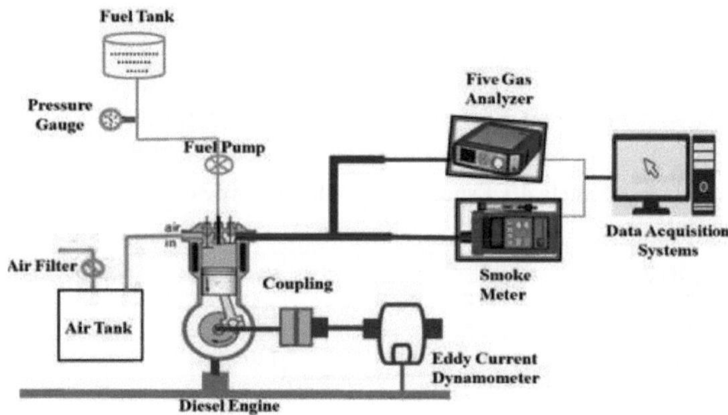

Figura 4.2 O equipamento de ensaio experimental

4.2.2 Processamento de dados

Através da análise dos dados recolhidos durante as experiências, os cálculos foram efectuados de acordo com a prática recomendada pela Society of Automotive Engineers (SAE) para avaliar as emissões e o desempenho do motor. Os valores resultantes, incluindo BP, BTE e SFC, foram registados num ficheiro utilizando um programa simples.

Para investigar as taxas de libertação de calor e o processo de combustão, os dados da pressão do cilindro foram amplamente estudados. Em cada ponto de funcionamento, os valores médios destes parâmetros foram determinados com base nos dados recolhidos. Esta análise exaustiva facilitou uma compreensão completa do desempenho do motor durante a combustão e forneceu informações valiosas sobre as suas caraterísticas de emissão .

4.2.3 Sistema de aquisição de dados

A análise dos dados da pressão do cilindro desempenhou um papel crucial na investigação experimental. Durante os ensaios, os sinais de pressão foram convertidos de analógicos para digitais, tendo em conta as definições de sensibilidade do amplificador de carga e do transdutor. Normalmente, quando o pistão se encontrava no ponto morto inferior (BDC), a pressão média do coletor de admissão servia como um indicador fiável da pressão do cilindro. Além disso, os dados foram cuidadosamente analisados para garantir um relatório exato e extrair informações valiosas da investigação experimental. Assim, a análise de dados desempenhou um papel fundamental no processo experimental. Devido a variações substanciais na pressão do cilindro em relação ao ângulo de manivela de um ciclo para outro, confiar nos dados de um único ciclo era insuficiente para prever condições de funcionamento específicas. Na maioria dos casos, a análise quantitativa exigia uma média de 100 ciclos de resultados de pressão-ângulo de manivela. Para alinhar as leituras de pressão em volts com os dispositivos convencionais, foi aplicado um fator de calibração adequado.

4.2.4 Dinamómetro de correntes parasitas

A medição da potência de travagem (BP) do motor foi realizada utilizando um dinamómetro de campo elétrico. Este instrumento é utilizado para medir a força, a resistência e o binário gerados pelo motor. A Figura 4.3 ilustra o dinamómetro de correntes de Foucault. A pressão do motor, por outro lado, foi medida utilizando um dinamómetro eletrónico de campo oscilante.

1. Saída de água 2. Entrada de água 3. Manómetro de pressão

Figura 4.3 Medidor de dínamo de correntes parasitas

No conjunto do dinamómetro de correntes de Foucault, o eixo, ligado ao rotor, funciona em rolamentos. O estator, suportado por rolamentos de munhão, está equipado com uma escala fixa para medir qualquer inclinação de rotação. Para medir a força aplicada ao motor, foi utilizada uma célula de carga, nomeadamente um extensómetro do tipo célula de carga (0-50 kg). O dinamómetro de correntes de Foucault utilizou electroímanes para fornecer o mecanismo de carga. Em particular, os dinamómetros de correntes de Foucault oferecem uma taxa de mudança de carga mais rápida, permitindo um ajuste rápido da carga. Os dinamómetros de correntes de Foucault são caracterizados no quadro 4.2 por uma lista exaustiva de caraterísticas técnicas.

Quadro 4.2 Especificações do dinamómetro de correntes parasitas

Nome da empresa	Mecanismo tecnológico
Temperatura ° C	35
Potência nominal	7,5 KW
Velocidade máxima	1500-6000 rpm

Modelo	TMEC-10
Abastecimento de água Mínimo LPM	30
Potência nominal	7,5 KW
Peso	130 kg
Comprimento do braço	370 mm
Pressão kg/cm^2	1
largura	350 mm
altura	418 mm
Binário	48 Nm
Tensão máxima da bobina quente	250 V
Corrente contínua	5 A

4.2.5 Bomba de injeção de combustível

A bomba de injeção de combustível, um componente crucial do motor, é fabricada pela MICO BOSCH e vem de série. Desempenha um papel vital no fornecimento de combustível à câmara de combustão do motor. A temporização correta da injeção de combustível é essencial para otimizar o desempenho do motor, a eficiência do combustível e as emissões. Ao ajustar a temporização da injeção de combustível, o processo de combustão pode ser afinado de forma a garantir uma potência óptima e minimizar o consumo de combustível. A capacidade de ajustar o tempo de injeção de combustível permite flexibilidade na otimização do desempenho do motor em diferentes condições de funcionamento. Ao alterar o tempo de injeção, é possível obter as caraterísticas de combustão desejadas e cumprir requisitos específicos de potência e controlo de emissões. Esta caraterística proporciona a versatilidade necessária para adaptar o desempenho do motor a diferentes cargas, velocidades e condições ambientais. Globalmente, a bomba de injeção de combustível, juntamente com o seu mecanismo de regulação, desempenha um papel crucial na garantia de um fornecimento eficiente e fiável de combustível ao motor, permitindo uma combustão óptima e um desempenho global do motor. As bombas de injeção de combustível são componentes cruciais nos motores diesel, responsáveis pelo fornecimento de combustível aos cilindros do motor em intervalos e pressões controlados com precisão. Os principais parâmetros que definem o desempenho e o funcionamento de uma bomba de injeção de combustível incluem:

1. Tempo de injeção: O momento exato em que o combustível é injetado no cilindro do motor em relação à posição do pistão. A temporização afecta o desempenho do motor, a eficiência do combustível e as emissões.
2. Pressão de injeção: A pressão a que o combustível é injetado no cilindro. As pressões mais elevadas atomizam melhor o combustível, melhorando a eficiência da combustão e reduzindo as emissões.
3. Taxa de injeção: A taxa a que o combustível é injetado no cilindro por unidade de tempo. Afecta o processo de combustão, a potência do motor e as emissões.
4. Taxa de fornecimento de combustível: A quantidade total de combustível fornecido pela bomba por unidade de tempo. Este parâmetro determina a potência do motor e o consumo de combustível.
5. Precisão da medição de combustível: A precisão com que a bomba mede e fornece a quantidade correta de combustível por ciclo de injeção. Este parâmetro assegura um desempenho e uma eficiência óptimos do motor.
6. Regulação da pressão do sistema de combustível: A capacidade da bomba de injeção para manter uma pressão de combustível consistente ao longo de cargas e velocidades variáveis do motor.
7. Durabilidade e fiabilidade: A bomba deve suportar altas pressões, temperaturas e tensões operacionais durante a sua vida útil.

4.2.6 Fluxo de combustível

O painel do controlador (Figura 4.4) apresentava um interrutor que permitia registar a quantidade de combustível consumido em incrementos de 100, 200 e 300 cc. A medição exacta da quantidade de combustível consumido é crucial para compreender o desempenho do motor, a eficiência do combustível e as emissões. O medidor eletrónico de débito de combustível proporcionou um meio fiável de quantificar o débito de combustível, permitindo cálculos e análises precisos. Ao monitorizar o caudal de combustível, os investigadores e engenheiros podem obter informações valiosas sobre as caraterísticas de consumo de combustível do motor. Estes dados são essenciais para avaliar a eficiência do motor, otimizar as estratégias de injeção de combustível e avaliar o impacto no desempenho global e nas emissões.

A integração do medidor eletrónico de débito de combustível com o dinamómetro de correntes de Foucault criou uma configuração de ensaio abrangente que permitiu a medição simultânea do consumo de combustível e do desempenho em carga. Isto permitiu uma análise mais holística do comportamento e do desempenho do motor em diferentes condições de funcionamento. Globalmente, a utilização de um medidor eletrónico de débito de combustível, em conjunto com o dinamómetro de correntes de Foucault, proporcionou um método eficaz para medir e monitorizar com precisão a entrada de combustível no motor diesel. Esta informação desempenhou um papel crucial na avaliação da eficiência do combustível, do desempenho e das emissões, ajudando no desenvolvimento e otimização das tecnologias de motores

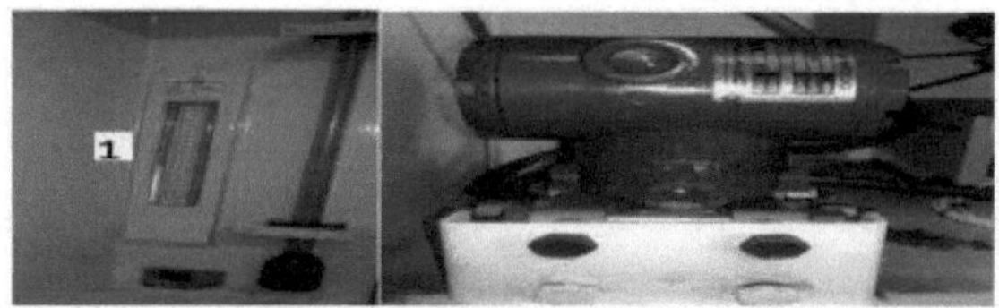

1. Leitura do termómetro

Figura 4.4 Medidor eletrónico do débito de combustível

4.2.7 Temperatura do escape e do líquido de refrigeração

A monitorização da temperatura dos gases de escape é crucial para avaliar a eficiência da combustão do motor e para avaliar o desempenho do sistema de escape. Fornece informações sobre o processo de combustão, a mistura combustível-ar e potenciais problemas como a combustão incompleta ou o sobreaquecimento. Ao medir o EGT, os investigadores podem otimizar a injeção de combustível e a regulação do motor, o que conduz a uma maior eficiência e a uma redução das emissões. Por outro lado, a medição da temperatura do líquido de refrigeração é essencial para monitorizar o desempenho do sistema de refrigeração do motor. Permite a avaliação da gestão térmica do motor, assegurando que o motor funciona dentro do intervalo de temperatura desejado. Medições precisas da temperatura do líquido de arrefecimento permitem aos investigadores avaliar a eficácia do sistema de arrefecimento e, se necessário, fazer ajustes para evitar o sobreaquecimento e manter condições de funcionamento óptimas.

Ao integrar sensores de temperatura em locais estratégicos, a configuração experimental permitiu a medição exacta das temperaturas dos gases de escape e do líquido de refrigeração. Estes dados são valiosos para compreender o comportamento térmico do motor, avaliar a eficiência dos processos de combustão e assegurar o correto funcionamento do sistema de arrefecimento. Em geral, a medição das temperaturas dos gases de escape e do líquido de refrigeração utilizando sensores de temperatura fornece informações críticas para otimizar o desempenho do motor, melhorar a eficiência da combustão e manter o equilíbrio térmico do motor. Permite aos investigadores tomar decisões baseadas em dados e implementar os ajustes necessários para aumentar a fiabilidade, a eficiência e o impacto ambiental do motor.

4.2.8 Medidor de fumo

Para a análise, foi utilizado o medidor de fumos AVL 437 C (figura 4.5). Este medidor desempenhou um papel crucial na medição da opacidade dos fumos emitidos pelo motor de ensaio. A opacidade refere-se à atenuação da luz entre a fonte de luz e o recetor causada pela presença de partículas de fumo.

Neste caso, a distância foi determinada como sendo de 0,430 ± 0,0005 m. Estas armadilhas reduziram as interferências indesejadas e aumentaram a exatidão das medições. As caraterísticas de desempenho do medidor de fumos estão resumidas no Quadro 4.3. Esta medição é essencial para avaliar a eficiência da combustão e o nível de emissões de partículas. Ao monitorizar a opacidade dos fumos, os investigadores podem otimizar os parâmetros do motor e implementar medidas para reduzir as emissões de fumos, melhorando tanto o desempenho como o impacto ambiental. Em resumo, o medidor de fumos AVL 437 C forneceu um meio fiável de quantificar a opacidade dos fumos emitidos pelo motor. As suas caraterísticas e especificações permitiram medições precisas, auxiliando na análise da eficiência da combustão e na avaliação das emissões de partículas.

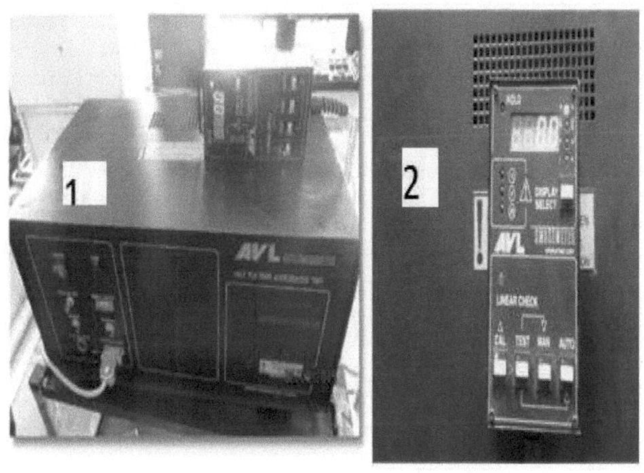

1. Medidor de fumo AVL 2. Contador digital

Figura 4.5 Contador de fumo

Tabela 4.3 Especificações do contador de fumo

Colimação	4°
Gama de temperaturas de funcionamento	4°-50°C
Luz de origem	Led verde 570 nm
Poluição ambiente	3% max.
Detetor	Arsenieto de gálio
Tempo de resposta	1,5 seg
Comprimento do caminho físico	175 mm
Gama de humidade de funcionamento	10%-98%
Resolução	0.01%
Comprimento do percurso ótico	367 mm
Ø interior da célula de amostragem	25 mm
Precisão da opacidade	± 3% relativo
Temperatura de armazenamento	-33°C - +58°C

4.2.9 Analisador de gases de escape

O processo de combustão que ocorre dentro do cilindro do motor é um fator crítico que governa a potência, a eficiência e as emissões do motor. Para analisar e quantificar as emissões de escape, foi utilizado um analisador de gases de escape de cinco gases, conforme ilustrado na Figura 4.6. As emissões de escape dos motores contêm numerosos poluentes, frequentemente combinados com fumo, que podem ser medidos utilizando diferentes analisadores de emissões de gases

1. Analisador de cinco gases 2. Unidade de ecrã digital

Figura 4.6 Analisador de gases de escape

As emissões foram medidas em base seca, assegurando resultados exactos e consistentes (Ge *et al.* 2020). O quadro 4.4 mostra as especificações e os requisitos do analisador de gases de escape. A utilização de um analisador de gases de escape de cinco gases permitiu a avaliação exaustiva das emissões de escape do motor. Medindo e monitorizando os níveis de CO, HC, O_2, CO_2 e NO_X, os investigadores podem avaliar a eficiência da combustão e o impacto na poluição ambiental. Estes dados são cruciais para otimizar o desempenho do motor, melhorar a eficiência do combustível e implementar estratégias de controlo das emissões.

Quadro 4.4 Especificações do analisador de gases de escape

Parâmetro	CO	HC	Oxigénio (O_2)	Dióxido de carbono (CO_2)	Óxido nítrico (NO)	Dióxido de enxofre (SO_2)	Dióxido de azoto (NO_2)	Pressão
Resolução	1 ppm	0.3%	0.1%	0.1%	1 ppm	1 ppm	1 ppm	0,01 mbar
Exatidão	± 20ppm (para< 400 ppm CO)	± 10 ppm (para < 100 ppm de HC)	-0.1% + 0.2%	± 0.3%	± 5 (para < 100 ppm NO)	± 5% (para >100 ppm de SO_2)	± 5 ppm (para < 100 ppm NO_2)	±0,5% Escala completa
Gama	0 - 10000ppm	0 - 5000 ppm	0-25%	0 - Valor do combustível	0 - 5000 ppm	0 - 5000 ppm	0 - 1000 ppm	0 - 150 mbar

4.3 CONCLUSÃO

No presente estudo, foi utilizado um motor diesel Kirloskar equipado com um dinamómetro de correntes de Foucault. O motor diesel apresentou uma potência de 5,2 kW a uma velocidade de 1500 rpm. A medição do caudal de ar e de combustível foi efectuada através de transmissores incorporados na instalação experimental. As medições da água de arrefecimento, por outro lado, foram obtidas através de rotâmetros. Estes instrumentos permitiram a análise exacta da composição e das caraterísticas dos gases de escape produzidos pelo motor. O analisador de gases de combustão facilitou a medição de vários gases, enquanto o medidor de fumos forneceu informações sobre o nível de fumo gerado durante o funcionamento do motor. Com estes aparelhos, os investigadores puderam avaliar o impacto ambiental das emissões de escape do motor.

CAPÍTULO 5

RESULTADOS E DISCUSSÃO

5.1 FUNCIONAMENTO DO MOTOR COM DIESEL E BBAME COM NANOPARTICULAS DE CuO_2

5.1.1 Consumo específico de combustível nos travões

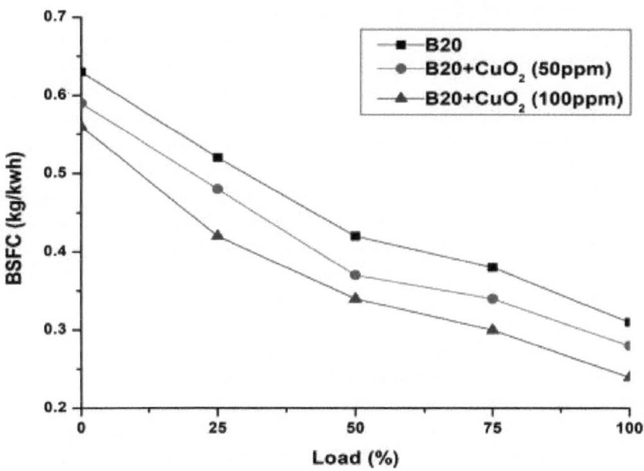

Figura 5.1 BSFC com carga

A Figura 5.1 mostra que todas as amostras de combustível testadas apresentaram uma alteração nas emissões de BSFC com o aumento da carga. Uma diminuição do valor BSFC das misturas de combustível B20 contendo nanopartículas de CuO_2 coincidiu com um aumento da quantidade de dosagem das nanopartículas de CuO_2. Este estudo concluiu que as nanopartículas de CuO_2 são capazes de melhorar a atomização e a combustão, aumentando assim a eficiência do combustível e reduzindo o seu consumo. O BSFC das misturas de combustível com nanopartículas de CuO_2 adicionadas foi geralmente inferior ao das misturas de combustível B20 sem nanopartículas. O menor valor

calorífico do combustível B20 pode ser parcialmente responsável por este facto (Rajasekar
et al. 2020).

5.1.2 Eficiência térmica do travão

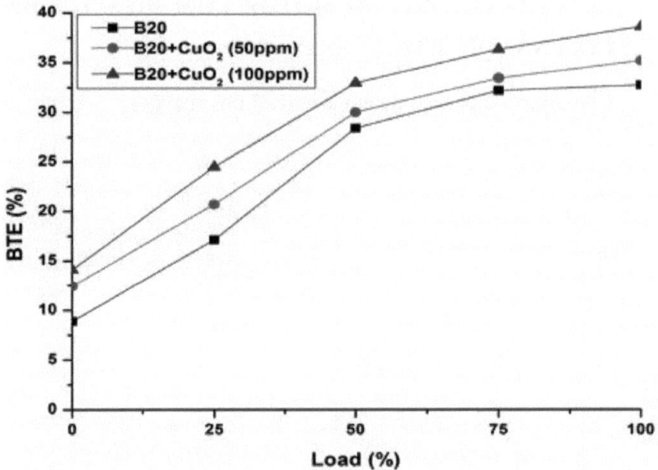

Figura 5.2 BTE com carga

A Figura 5.2 apresenta uma comparação da variação do TEB das diferentes misturas de combustível em função da carga. Não houve diferença no BTE entre as misturas de combustível quando a carga foi removida. Como resultado do estudo, concluiu-se que a adição de nanopartículas de CuO_2 a um motor pode melhorar significativamente o seu desempenho. De acordo com Kalaimurugan *et al.*, 2020, este facto é provavelmente atribuído às nanopartículas de CuO_2 adicionadas ao combustível, que melhoram as suas propriedades de combustão.

5.1.3 Temperatura dos gases de escape

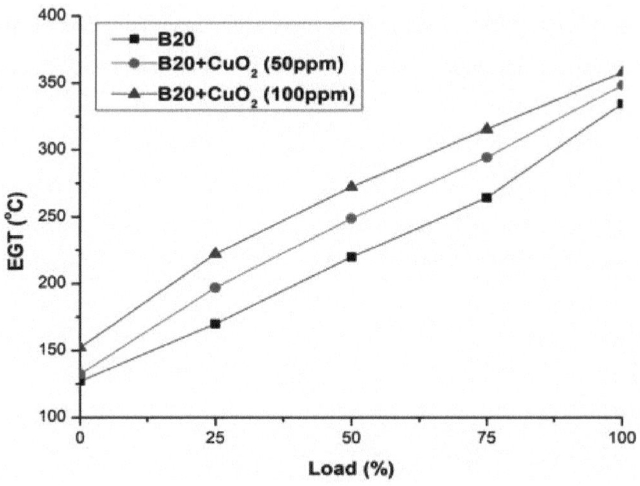

Figura 5.3 EGT com carga

Mostra-se na Figura 5.3 que as temperaturas dos gases de escape estão a mudar em função da carga. É possível obter uma carga máxima quando o EGT do B20, do B20+50ppm e do B20+100ppm é medido à carga máxima. Isto pode estar relacionado com os modernos sistemas de injeção de combustível. Também é importante lembrar que as nanopartículas de CuO2 aceleram o processo de combustão nas misturas de combustível, aumentando as temperaturas de pico e, em última análise, as emissões. (*et al.* 2020).

5.1.4 Pressão do cilindro

A figura 5.4 mostra a variação da pressão do cilindro. Foi demonstrado que as misturas de biodiesel contendo nanopartículas melhoram significativamente a pressão do cilindro e o atraso da ignição quando as nanopartículas são adicionadas à mistura. A pressão de compressão, a pressão máxima de combustão e a condutividade térmica estão inversamente relacionadas. Não há dúvida de que o B20 arrumado arderá um pouco mais lentamente do que qualquer outro combustível de ensaio, devido ao facto de a sua densidade e viscosidade serem superiores às de qualquer outro combustível de ensaio, o que resultará numa pressão mais baixa no cilindro e também numa taxa de evaporação muito baixa, resultando numa combustão deficiente (Elumalai *et al.* 2021).

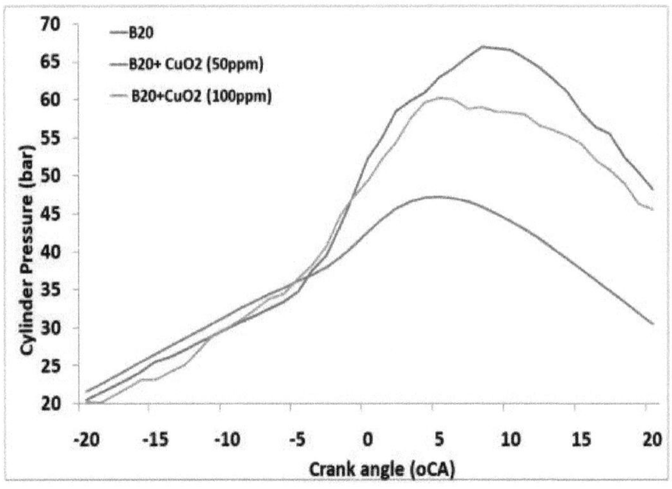

Figura 5.4 Pressão do cilindro com o ângulo da manivela

5.1.5 Libertação líquida de calor

Com base nos resultados das várias misturas de combustível testadas, a figura 5.5 ilustra como a libertação líquida de calor difere consoante o ângulo da manivela. Quando o motor é pressionado, o calor que é absorvido do ar quente durante o curso de compressão é transferido para o combustível, à semelhança da forma como o combustível vaporiza quando é pressionado. É importante notar que, após o início da ignição, a libertação líquida de calor visível aumenta gradualmente até um valor máximo, uma vez que o combustível pré-misturado e o ar libertam toda a sua energia ao mesmo tempo. Ao adicionar nanopartículas de CuO_2 a misturas de B20, observou-se uma redução do tempo de ignição da mistura, bem como um aumento da libertação líquida de calor em comparação com a gasolina B20 isolada (Kattimani *et al.* 2022).

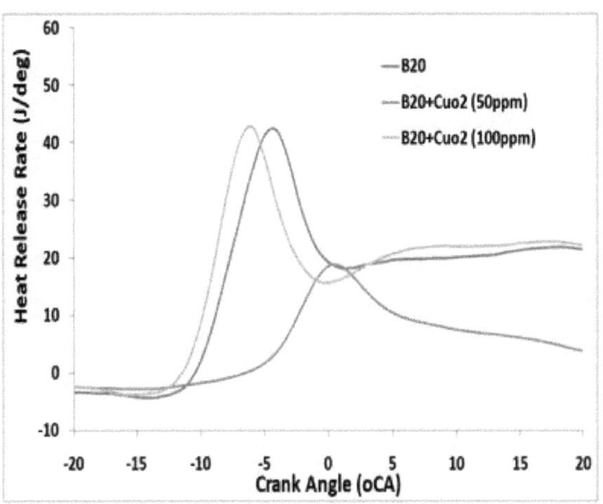

Figura 5.5 Libertação líquida de calor com o ângulo da manivela

5.1.6 Emissão de CO

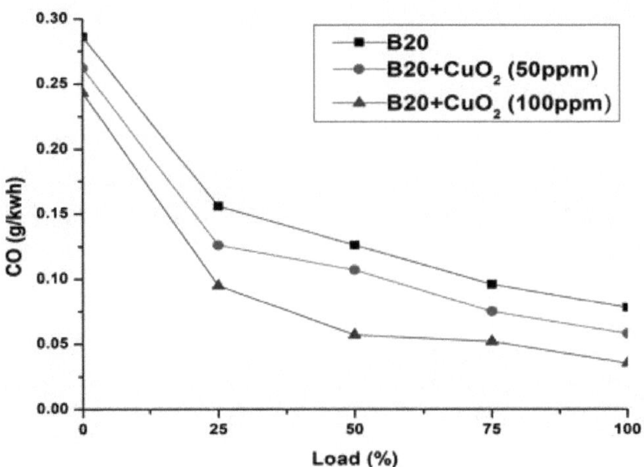

Figura 5.6. CO com carga

Vários factores contribuem para as emissões de CO de um

combustível, incluindo a quantidade de carbono, a quantidade de oxigénio e a sua eficiência de combustão. A combustão do combustível resulta na conversão do carbono do combustível em dióxido de carbono. Numa situação em que o oxigénio é escasso, ocorre uma combustão incompleta, o que resulta em níveis mais elevados de CO na atmosfera. Esta figura mostra o efeito da alteração das condições de carga nas emissões de CO para todas as misturas de combustíveis, conforme indicado na Figura 5.6. A adição de nanopartículas de CuO_2 ao B20 demonstrou resultar numa grande redução das quantidades de emissões de CO, em comparação com a adição de nanopartículas de CuO_2 ao B20 sem as nanopartículas. Uma vez que as misturas de combustível CuO_2 têm um atraso de ignição mais curto, há uma maior possibilidade de mistura combustível-ar, resultando numa combustão mais consistente e na conclusão da combustão. Por conseguinte, verifica-se que as emissões de CO podem ser substancialmente reduzidas com a utilização de combustíveis misturados com CuO_2 para substituir o gasóleo B20, em comparação com os combustíveis misturados com CuO_2 (Pandey et al. 2022).

5.1.7 Emissão de HC

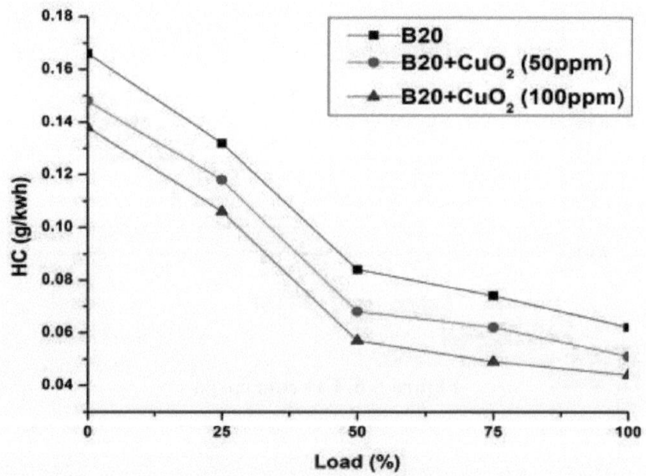

Figura 5.7 HC com carga

De acordo com a Figura 5.7, é apresentada a quantidade de cloreto de hidrogénio emitida em função da carga para várias misturas de combustível. É possível que os hidrocarbonetos não queimados tenham um impacto negativo no desempenho do motor devido à combustão incompleta do combustível. Registou-se um nível mais elevado de emissões de HC no B20 em comparação com as misturas de combustível contendo nanopartículas. O estudo mostrou uma redução significativa nas emissões de HC das misturas de combustível quando nanopartículas de CuO_2 são adicionadas a elas em comparação com uma mistura de combustível limpo de B20 a plena carga, de acordo com o estudo (*et al.* 2022).

5.1.8 Emissão de NOX

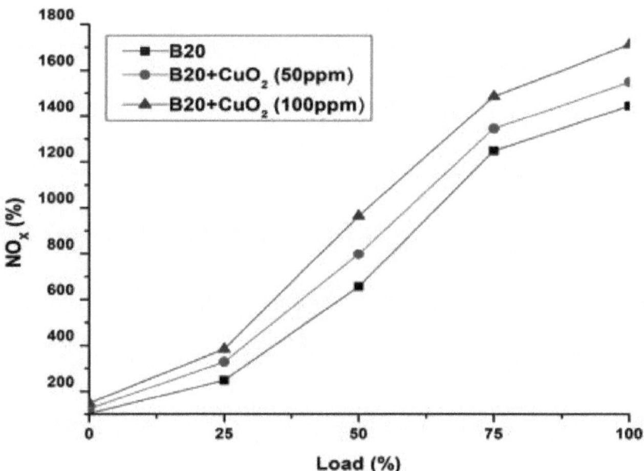

Figura 5.8 NO_x com carga

A maioria dos estudos avaliados indica que a diminuição das emissões de NOx foi facilitada pela utilização de combustíveis biodiesel. A Figura 5.8 ilustra que diferentes misturas de combustível de ensaio emitem diferentes níveis de emissões de NOx. O aumento das emissões de NOx em todas as condições observadas com a mistura de combustível adicionada de nanopartículas de CuO_2 foi observado quando comparado com a mistura de combustível B20 sem as nanopartículas. Quando as nanopartículas de CuO2 são adicionadas a uma mistura de combustível, a inclusão das nanopartículas resulta frequentemente num aumento das emissões de NOx. A quantidade de NOx emitida pelo motor foi reduzida por misturas de combustível adicionadas com nanopartículas de CuO2 através do aumento da pressão do cilindro e da redução do atraso de ignição. (Sakthivadivel *et al.* 2022).

5.1.9 Opacidade do fumo

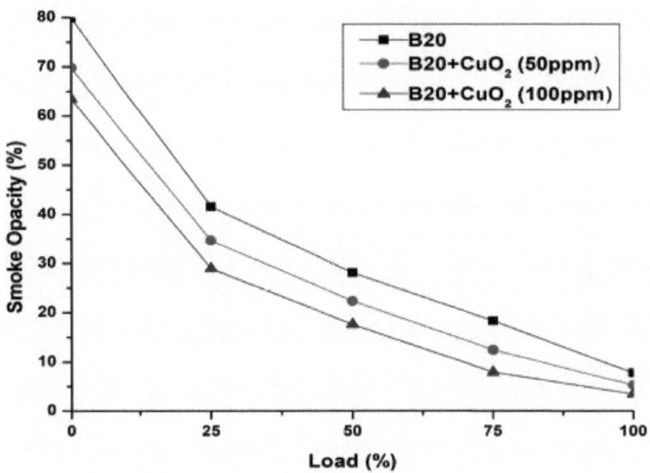

Figura 5.9 Opacidade do fumo com a carga

Em função da carga, a variação das emissões de fumo é ilustrada na figura 5.9. As misturas de nanopartículas de CuO_2 emitem menos emissões do que as misturas B20 quando comparadas com as misturas de nanopartículas de CuO_2. Está provado que uma combinação do teor de enxofre e do teor de oxigénio, juntamente com a redução da aromaticidade, são as principais razões para a redução das emissões de fumo (Wang *et al.* 2021).

5.2 FUNCIONAMENTO DO MOTOR COM DIESEL E BBAME COM NANOPARTICULAS DE CeO_2

5.2.1 Consumo de combustível específico dos travões

A Figura 5.10 mostra como o BSFC muda com a carga durante a combustão de diferentes combustíveis de teste. Verificou-se uma redução do BSFC independentemente do aumento ou da diminuição da carga.

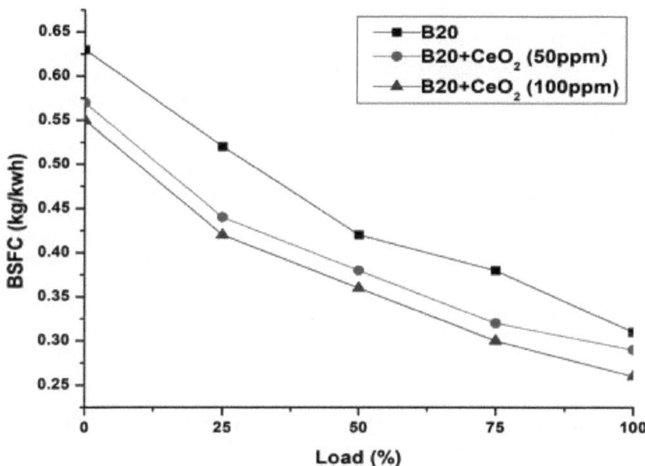

Figura 5.10 BSFC com carga

A redução do BSFC nas nanopartículas de CeO_2 adicionadas às misturas de combustível causada pela adição de nanopartículas de CeO_2 foi uma grande diferença em relação ao B20. Isto deve-se ao facto de o combustível B20 ter um poder calorífico inferior ao da gasolina. Ao adicionar nanopartículas de CeO_2 à mistura, a combustão e a atomização foram melhoradas, o que diminuiu o consumo de combustível e aumentou a potência. Numa mistura de combustível contendo nanopartículas de CeO_2, o BSFC diminui à medida que a dose de nanopartículas aumenta (Sanjeevarao *et al.* 2021).

5.2.2 Eficiência térmica do travão

Como se mostra na Figura 5.11, para todos os combustíveis de ensaio, a eficiência térmica da travagem varia com a carga. As misturas de combustível com adição de CeO_2 são mais eficientes do que as misturas de combustível com o combustível de ensaio B20 no que diz respeito ao desempenho térmico na travagem. Quando comparado com outras misturas de combustível, o B20 produz menos BTE em comparação com outras misturas de combustível.

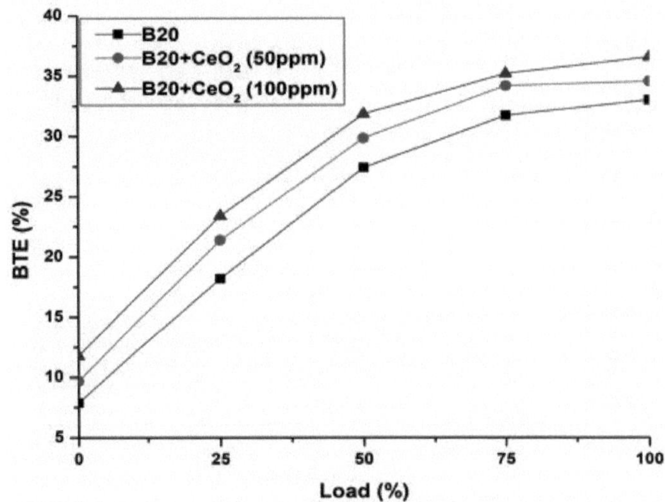

Figura 5.11 BTE com carga

Como resultado da adição de nanopartículas às misturas de combustível testadas, a eficiência térmica da travagem foi melhorada devido a uma melhor combustão, atomização e evaporação das nanopartículas adicionadas. Isto resultou numa melhor mistura de ar e combustível, permitindo que a área de superfície do combustível interagisse mais eficazmente com as moléculas de oxigénio (Gharehghani *et al.* 2020).

5.2.3 Temperatura dos gases de escape

A variação do EGT com base na carga é representada na Figura 5.12, que é um gráfico da variação do EGT. Todos os combustíveis ensaiados registaram um EGT mais elevado quando a carga foi aumentada, como se pode ver no gráfico seguinte. O gráfico abaixo mostra que o EGT de uma mistura de combustível com nanopartículas de CeO_2 adicionadas foi superior ao de uma mistura de combustível com B20 que não tinha nanopartículas de CeO_2 adicionadas. Uma possível razão para este facto poderá ser o aumento da taxa de injeção de combustível. Há também provas de que a maior utilização de oxigénio das nanopartículas de CeO_2 pode ter facilitado o processo de combustão, aumentando assim a temperatura de pico e, consequentemente, melhorando a EGT (Sujesh *et al.* 2020).

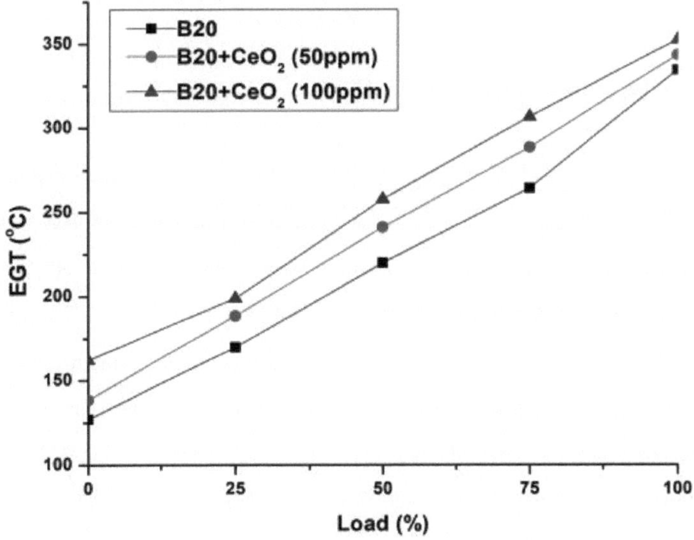

Figura 5.12 EGT com carga

5.2.4 Pressão do cilindro

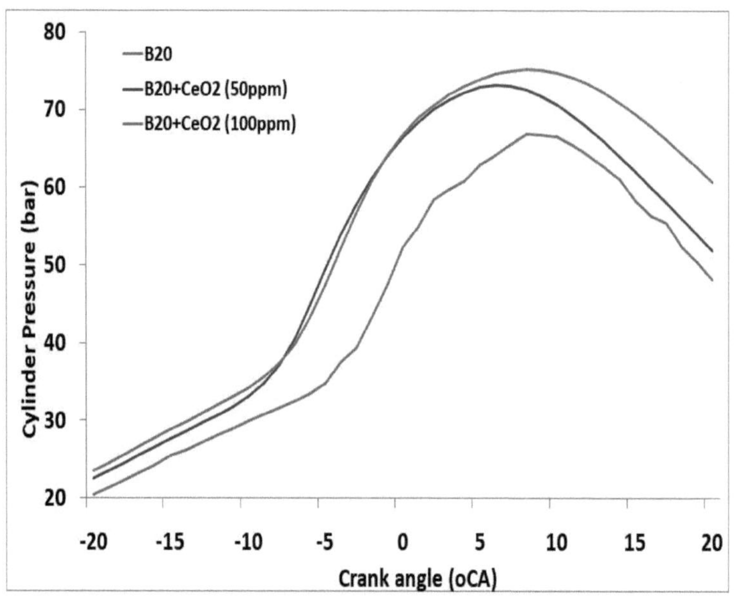

Figura 5.13 Pressão do cilindro com o ângulo da manivela

A Figura 5.13 mostra uma variedade de misturas de combustível ensaiadas para representar a pressão do cilindro para cada mistura. Existe uma diferença significativa entre as misturas de combustível que adicionam nanopartículas de CeO_2 ao B20 quando comparadas com as misturas de combustível que não o fazem. Comparando a mistura de combustível com nanopartículas adicionadas ao B20, demonstrou-se que as nanopartículas de CeO_2 adicionadas aos retardadores de chama são capazes de produzir uma combustão mais rápida, bem como um pico de pressão mais baixo quando comparadas com o B20, em resultado de uma maior área de superfície em relação ao volume.

5.2.5 Libertação líquida de calor

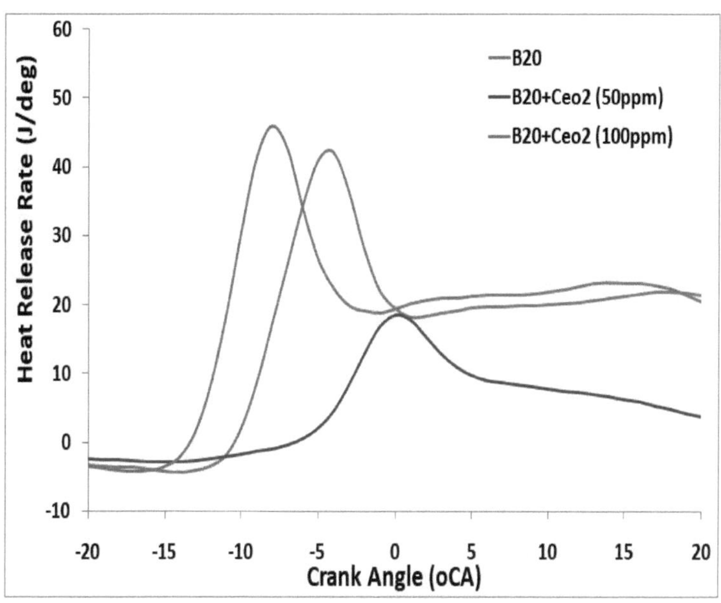

Figura 5.14. Libertação líquida de calor com o ângulo da manivela

A Figura 5.14 mostra a variação da quantidade de calor líquido libertado em função do ângulo de manivela do motor. Foi demonstrado que as nanopartículas de CeO_2 aumentam a libertação líquida de calor das misturas de combustível quando são adicionadas como nanopartículas ao combustível. Para além de acelerarem o processo de combustão na fase de pré-mistura, as nanopartículas de CeO_2 provocam também uma maior libertação líquida de calor, uma vez que quanto maior for o atraso na ignição, mais calor é libertado. O gráfico acima ilustra o nível de libertação líquida de calor das misturas aditivadas com nanopartículas de CeO_2 em comparação com as misturas aditivadas com B20, com base na aplicação de um mapa de calor (Vedagiri *et al.* 2022).

5.2.6 Emissão de CO

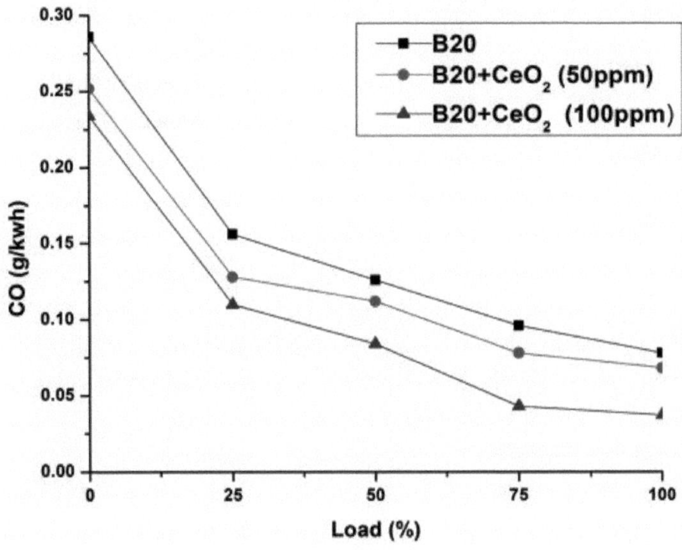

Figura 5.15 CO com carga

No processo de exaustão de um veículo, o monóxido de carbono entra na atmosfera. Para além da combustão incompleta do combustível, existem outras fontes de CO no ambiente. De acordo com as figuras da Figura 5.15, os níveis de monóxido de carbono variam consoante a carga quando se utilizam diferentes tipos de combustíveis testados neste estudo. Todas as misturas de combustível consideradas para este estudo demonstraram ter emissões de CO insignificantes quando parcialmente carregadas, e que a diferença aumenta com o aumento da carga do motor para todas as misturas de combustível testadas. Verifica-se uma redução significativa da quantidade de CO das misturas de combustível adicionadas de nanopartículas de CeO_2 em cargas nominais em comparação com as misturas de combustível B20 (Shareef *et al.* 2022).

5.2.7 Emissão de HC

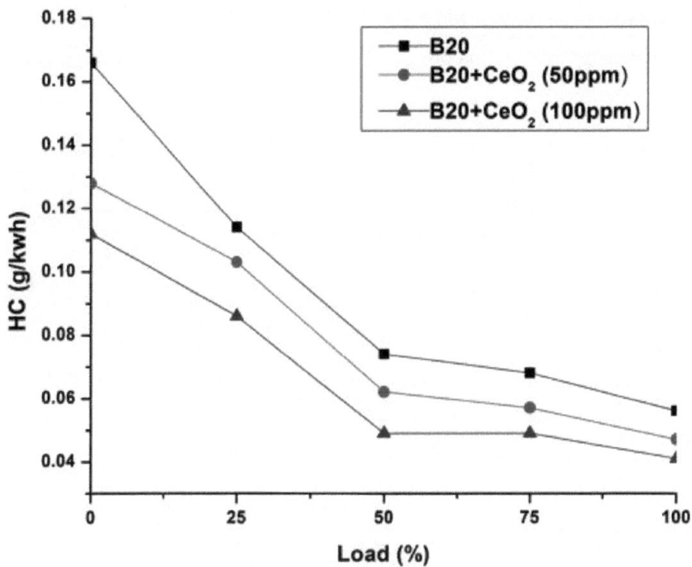

Figura 5.16 HC com carga

Uma pressão mais baixa no cilindro e a ignição seriam a principal causa das emissões de hidrocarbonetos dos motores diesel. Além disso, a oxidação incompleta durante a combustão melhora as emissões de HC. Uma mistura de combustível rica em oxigénio reduz a emissão de HC. Como se mostra na Figura 5.16, a quantidade de HC produzida por um motor varia consoante a carga do motor. O B20 produz um nível mais elevado de HC do que qualquer outro combustível medido. Além disso, o combustível de ensaio com nanopartículas de CeO_2 emite menos HC quando comparado com o B20. As nanopartículas de CeO_2 são em grande parte responsáveis por este facto. Para além da sua elevada atividade catalítica, o CeO_2 contém um elevado teor de ácidos gordos saturados, reduzindo a emissão de HC (Sarıkoç *et al.* 2020).

5.2.8 Emissão de NO_X

Um motor que produz NOx é uma fonte de emissões gasosas perigosas. Pode ver-se na Figura 5.17 que as emissões de ésteres metílicos de algas Botryococcus braunii são mais elevadas quando a combustão é efectuada com combustível misturado com CeO_2 do que quando a combustão ocorre com B20.

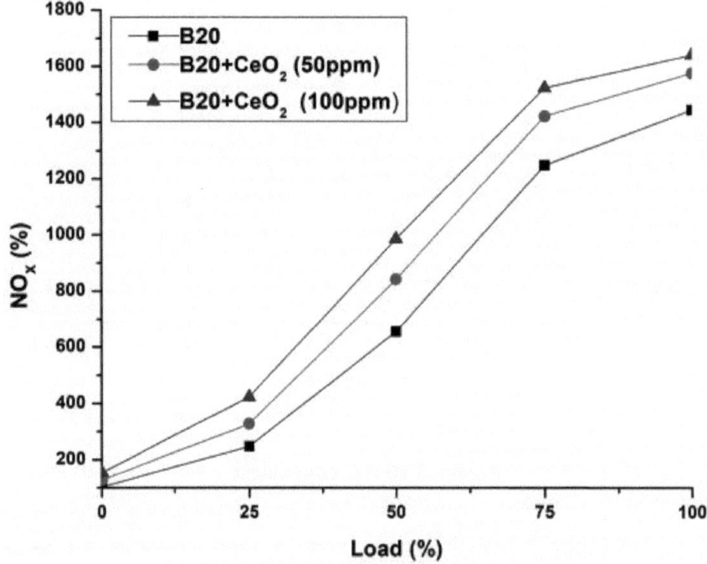

Figura 5.17 NO_x com carga

É possível que isto possa ser causado por misturas de combustível que contenham níveis elevados de oxigénio e por uma temperatura elevada na câmara de combustão. Ocorrem várias reacções químicas na câmara de combustão quando o oxigénio e o azoto entram em contacto a altas temperaturas. É provável que o éster metílico de algas Botryococcus braunii contendo nanopartículas de CeO_2 emita mais NOx devido à adição de oxigénio, bem como ao efeito catalítico das nanopartículas (Thangavelu *et al.* 2020).

5.2.9 Opacidade do fumo

A figura 5.18 ilustra a variação da opacidade dos fumos para vários combustíveis de ensaio em função das condições de carga. O gráfico ilustra o mesmo padrão para todos os combustíveis de ensaio no que diz respeito à opacidade dos fumos. Uma relação combustível/ar mais baixa aumenta a opacidade dos fumos à medida que a carga do motor aumenta no B20. As misturas de combustível biodiesel contendo nanopartículas têm um atraso de ignição reduzido (Shariff *et al.* 2022).

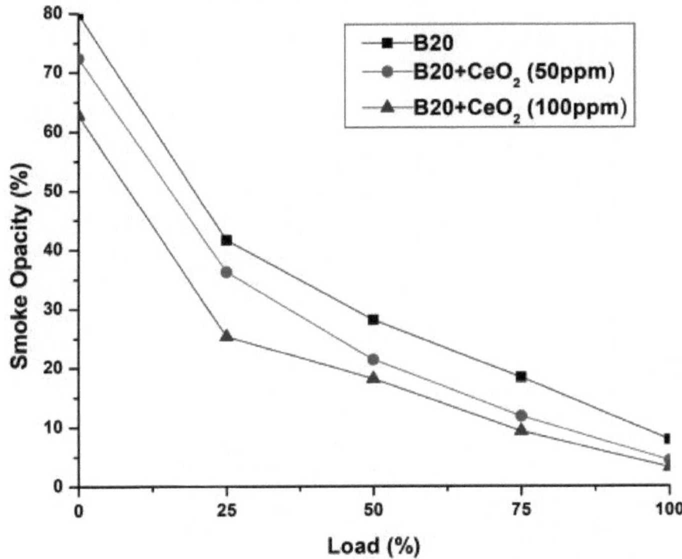

Figura 5.18 Opacidade do fumo com a carga

5.3 FUNCIONAMENTO DO MOTOR COM DIESEL E BBAME COM NANOPARTICULAS DE Al_2O_3

5.3.1 Consumo específico de combustível nos travões

Na Figura 5.19, todas as amostras de combustível testadas são mostradas em relação às suas emissões BSFC ao longo do tempo em função da carga. As misturas de combustível B20 com nanopartículas de Al_2O_3 adicionadas apresentaram um valor BSFC inferior quando a quantidade de dosagem de nanopartículas de Al_2O_3 foi aumentada. Verificou-se que as nanopartículas de Al_2O_3 melhoram a atomização e a combustão, reduzindo assim o consumo de combustível e aumentando a resistência. O BSFC dos combustíveis contendo nanopartículas de Al_2O_3 foi geralmente inferior ao dos combustíveis diesel contendo B20. Um menor valor calorífico do combustível B20 pode ser responsável por este facto (Harsha *et al.* 2020).

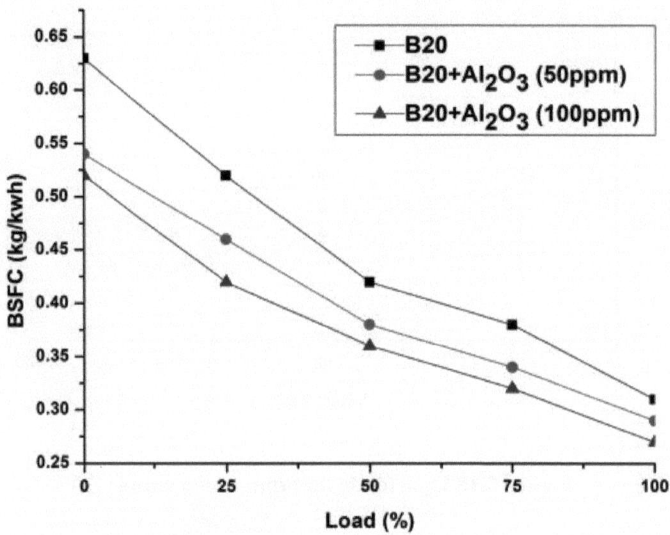

Figura 5.19 BSFC com carga

5.3.2 Eficiência térmica do travão

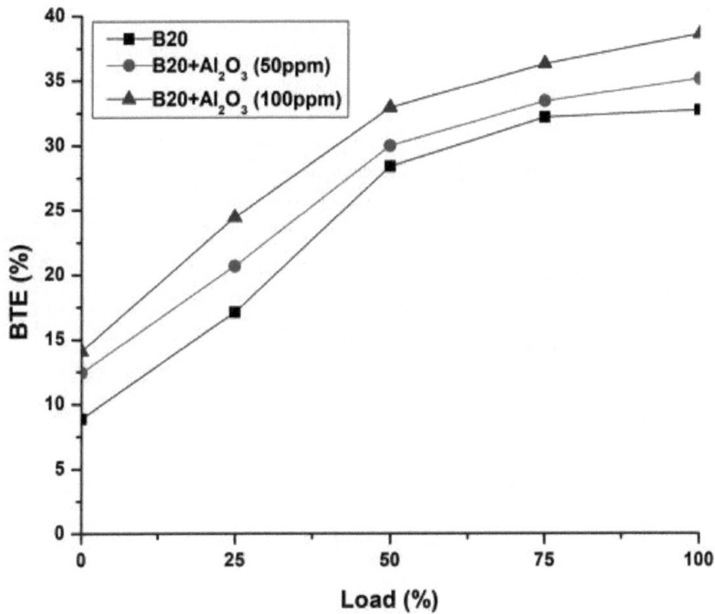

Figura 5.20 BTE com carga

A alteração do BTE com a carga para várias misturas de combustível é apresentada na Figura 5.20. Mesmo quando a carga foi retirada, todas as misturas de combustível apresentaram o mesmo TEB. Os combustíveis com nanopartículas de Al_2O_3 adicionadas às misturas B20 apresentaram TEB ligeiramente mais elevados do que os que não foram adicionados. De acordo com os resultados, a adição de nanopartículas de Al_2O_3 a um motor tem um impacto significativo no desempenho. Isto deve-se provavelmente ao facto de as nanopartículas de Al_2O_3 adicionadas aos combustíveis melhorarem as propriedades de combustão (Venu *et al.* 2020).

5.3.3 Temperatura dos gases de escape

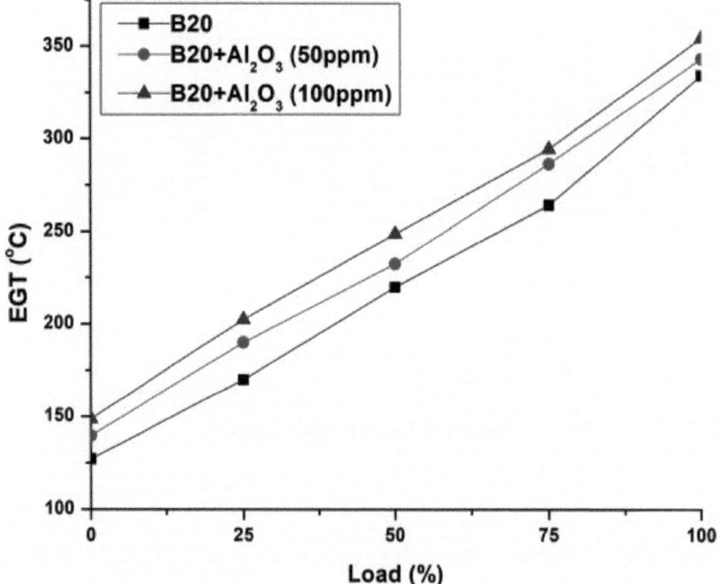

Figura 5.21 EGT com carga

De acordo com a Figura 5.21, as temperaturas dos gases de escape são inversamente proporcionais à carga. O aumento da carga resultou numa melhoria da EGT para todos os combustíveis de ensaio. Quando há uma carga máxima no motor, determinam-se as EGT de B20, B20+50ppm e B20+100ppm. Com base neste diagrama, o EGT das misturas de combustível com nanopartículas de Al_2O_3 foi mais elevado do que o das misturas de combustível sem nanopartículas. Poderá haver uma relação entre este facto e a injeção avançada de combustível. Além disso, a adição de nanopartículas de Al_2O_3 às misturas de combustível aumenta a combustão, resultando em temperaturas de pico mais elevadas e, por conseguinte, em EGT mais baixas (Pourhosein *et al.* 2021).

5.3.4 Pressão do cilindro

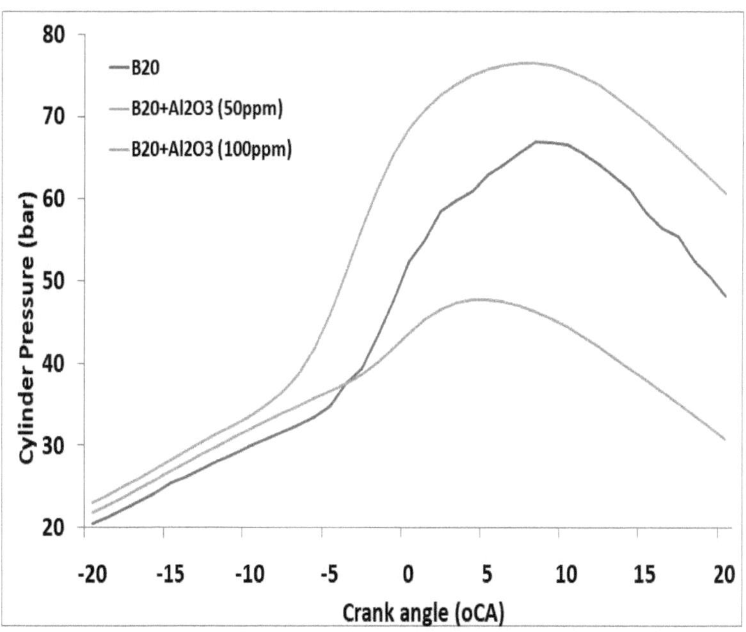

Figura 5.22 Pressão do cilindro com o ângulo da manivela

A Figura 5.22 mostra a variação da pressão do cilindro em diferentes ângulos de manivela correspondentes a diferentes misturas de biodiesel. Uma adição de nanopartículas de óxido de alumínio reduz significativamente o atraso da ignição e aumenta a pressão do cilindro em misturas de biodiesel. A pressão máxima de combustão e a condutividade térmica são inversamente proporcionais. A baixa pressão do cilindro é causada pelo aumento da densidade e da viscosidade do B20. Com o oxigénio presente em misturas de gasolina com nanopartículas de Al_2O_3, o B20 com nanopartículas de Al_2O_3

adicionadas tinha um número de cetano mais baixo e uma pausa de ignição mais longa do que o B20 arrumado (Patanaik *et al.* 2021).

5.3.5 Libertação líquida de calor

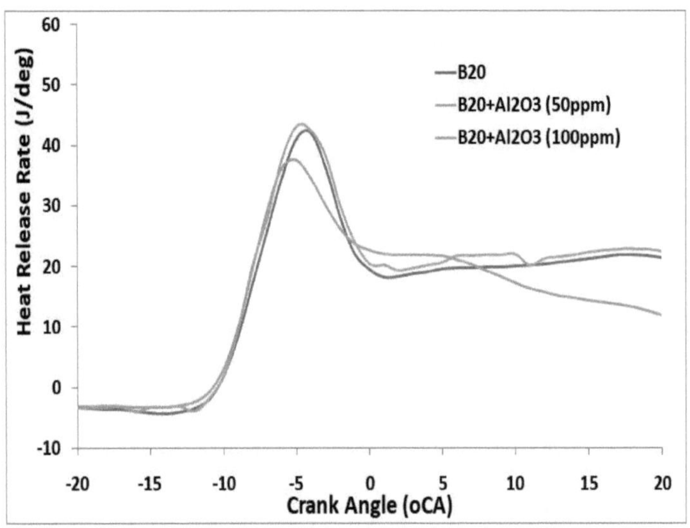

Figura 5.23 Libertação líquida de calor com o ângulo da manivela

Em função de diferentes ângulos de manivela, a Figura 5.23 ilustra a forma como a libertação líquida de calor varia para as várias misturas de combustível ensaiadas. Há pouca libertação líquida de calor de todas as misturas de combustível testadas durante o atraso da ignição. O processo é semelhante à vaporização do combustível durante o curso de compressão, durante o qual o calor é absorvido do ar quente. A combustão começa num nível baixo e aumenta mais lentamente até que o combustível e o ar pré-misturados atinjam o seu valor máximo. O longo atraso na ignição aumenta a mistura combustível-ar, resultando numa taxa de combustão mais rápida e numa maior libertação líquida de calor na fase de combustão pré-misturada. Quando as nanopartículas de Al_2O_3 são adicionadas às misturas B20, o tempo de ignição é reduzido e a libertação líquida de calor é aumentada em comparação com a gasolina B20. Estes resultados mostram que, no processo de combustão pré-misturada, os aditivos de nanopartículas de Al_2O_3 oxigenadas promoveram a combustão e a libertação líquida de calor (Murugesan *et al.* 2020).

5.3.6 Emissão de CO

O carbono do combustível é convertido em CO_2 durante a combustão. Quando o oxigénio é escasso, ocorre uma combustão incompleta, resultando num aumento dos níveis de CO. De acordo com a Figura 5.24, as emissões de CO variam consoante as condições de carga para todos os combustíveis misturados.

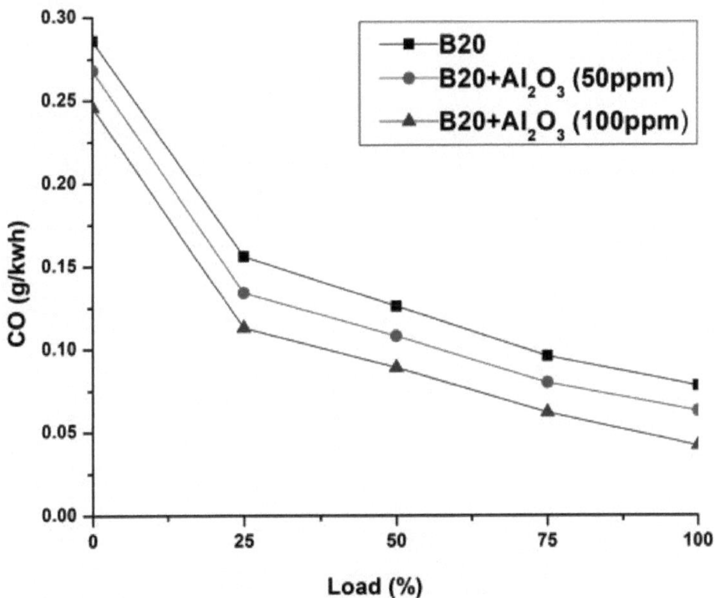

Figura 5.24. CO com carga

Ao comparar os combustíveis adicionados de nanopartículas de

Al_2O_3 com o B20, os resultados mostraram que as emissões de CO eram mais baixas. Uma vez que os combustíveis misturados com Al_2O_3 têm um atraso de ignição mais curto, a quantidade de mistura combustível-ar e a queima consistente podem aumentar, resultando numa combustão completa. Consequentemente, quando se comparam os combustíveis misturados com Al_2O_3 com o gasóleo B20, verifica-se uma redução substancial das emissões de CO (Pambudi *et al.* 2020).

5.3.7 Emissão de HC

De acordo com a Figura 5.25, as emissões de HC variam consoante a carga e a mistura de combustível. A combustão do combustível pode ser incompleta, o que pode levar a emissões de hidrocarbonetos não queimados que afectam o desempenho do motor. Não há ar suficiente disponível para queimar, o que resulta numa combustão incompleta.

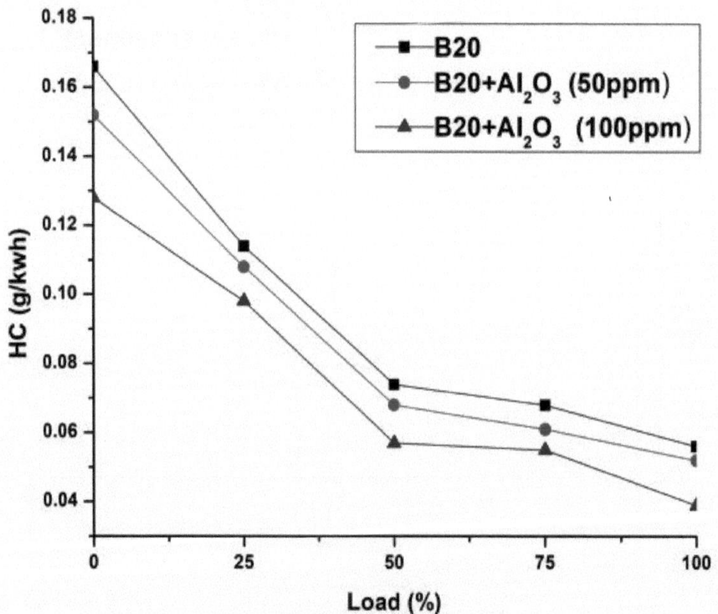

Figura 5.25 HC com carga

A adição de nanopartículas ao processo de injeção de combustível melhora a mistura ar-combustível e a dispersão das nanopartículas faz com que a câmara de combustão arda completamente, o que resulta numa redução das emissões de HC nos gases de escape. As emissões de HC do B20 são mais elevadas do que as das misturas de combustível com adição de nanopartículas. Em comparação com uma mistura de combustível B20 limpa a plena carga, as nanopartículas de Al_2O_3 reduzem as emissões de HC em misturas de combustível (Saxena *et al.* 2022).

5.3.8 Emissão de NO_X

A temperaturas muito elevadas, o azoto e o oxigénio combinam-se para produzir NOx, uma substância química produzida nos motores de combustão interna. Muitos estudos analisados na literatura mostraram uma redução das emissões de NOx quando foram utilizados combustíveis biodiesel. Como se mostra na Figura 5.26, diferentes misturas de combustível de ensaio apresentam diferentes níveis de emissões de NOx. Em todas as cargas condições, foram observadas emissões de NOx mais elevadas quando as nanopartículas de Al_2O_3 foram adicionadas à mistura de combustível B20. As emissões de NOx aumentam geralmente quando as nanopartículas de Al_2O_3 são adicionadas às misturas de combustível. A adição de nanopartículas de Al_2O_3 às misturas de combustível resultou em menores emissões de NOx porque a pressão do cilindro era elevada e o tempo de ignição era curto (Kumar *et al.* 2020).

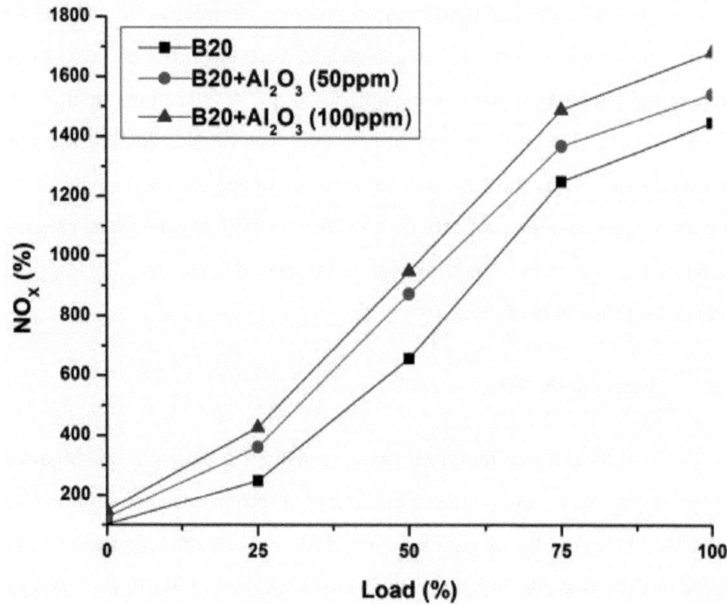

Figura 5.26 NO_x com carga

5.3.9 Opacidade do fumo

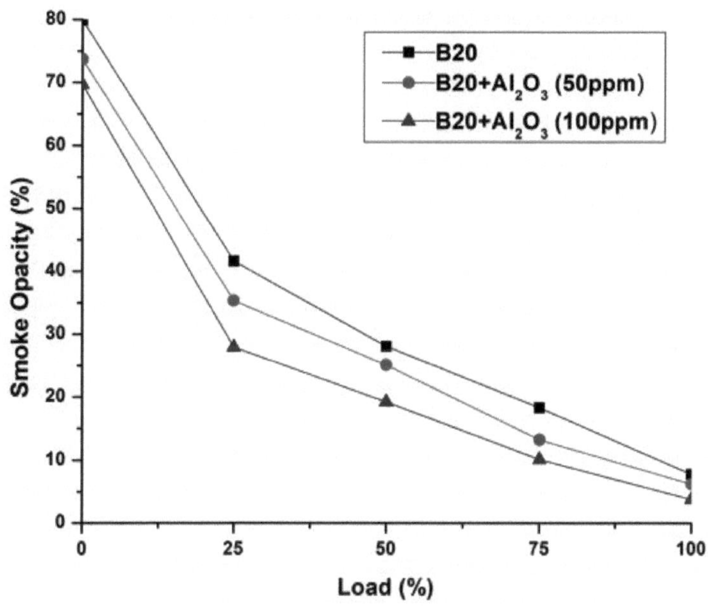

Figura 5.27 Opacidade do fumo com a carga

A figura 5.27 mostra as variações das emissões de fumo em função da carga. As misturas de combustível com nanopartículas de Al_2O_3 geraram menos fumo do que as misturas de combustível B20. A redução das emissões de fumo pode ser atribuída a uma redução do atraso de ignição e a uma melhoria das propriedades de ignição das misturas de combustível que incluem nanopartículas de Al_2O_3. As emissões de fumo foram reduzidas em grande parte devido ao teor de enxofre, oxigénio e menor aromaticidade da mistura. O atraso reduzido na ignição das misturas de combustível com nanopartículas de Al_2O_3 resulta numa combustão completa e em emissões de fumo reduzidas (Suresh *et al.* 2022).

5.4 FUNCIONAMENTO DO MOTOR COM O B20 MISTURADO COM ÁLCOOL DE ORDEM INFERIOR

5.4.1 Consumo específico de combustível nos travões

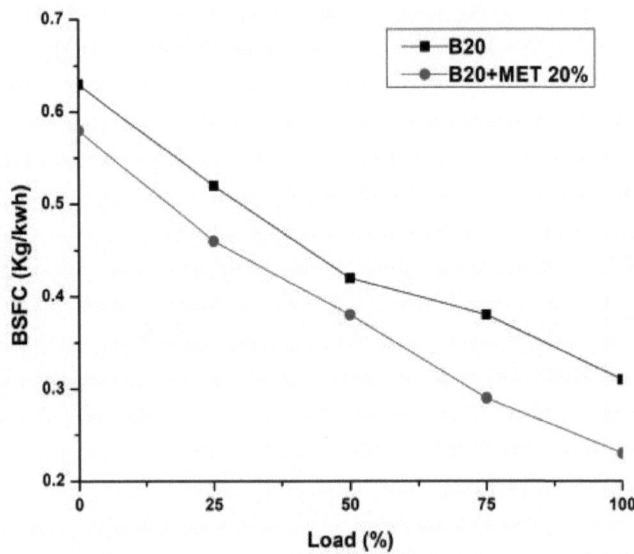

Figura 5.28 BSFC com carga

Todas as amostras de combustível ensaiadas são apresentadas na Figura 5.28 para ilustrar a variação das suas emissões BSFC com a carga. As misturas de combustível B20 com MET20% adicionado resultaram numa redução do valor BSFC à medida que a dosagem de MET20% foi aumentada. Estas observações indicam que o MET20% melhorou os processos de atomização e combustão, levando a uma redução do consumo de combustível e aumentando o desempenho global. No geral, a BSFC das misturas de combustível contendo MET20% foi geralmente inferior à do B20 puro (Thiruvenkatachari *et al.* 2022). Uma possível razão para este facto pode ser o menor teor calorífico do combustível B20. A eficiência de combustão melhorada proporcionada pelo MET20% contribuiu provavelmente para os valores BSFC mais baixos observados.

5.4.2 Eficiência térmica do travão

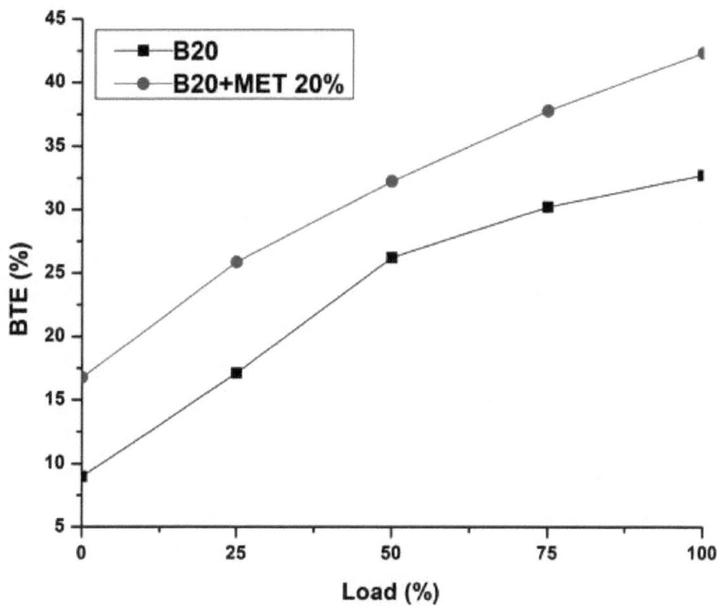

Figura 5.29 BTE com carga

A Figura 5.29 ilustra uma variação da eficiência térmica do travão (BTE) para diferentes misturas de combustível. O BTE de todas as misturas de combustível mantém-se constante, independentemente da carga. Uma vez que o BTE depende da potência de travagem, um aumento da carga do motor conduz normalmente a um BTE mais elevado. No entanto, esta observação indica que as misturas de combustível mantiveram uma eficiência consistente, independentemente das alterações de carga. Comparando a mistura B20 com a mistura B20 com MET20%, verificou-se que esta última tinha um BTE ligeiramente mais elevado. Estes resultados sugerem que a adição de MET20% ao motor teve um impacto positivo notável no desempenho (Kumar *et al.* 2022).

5.4.3 Temperatura dos gases de escape

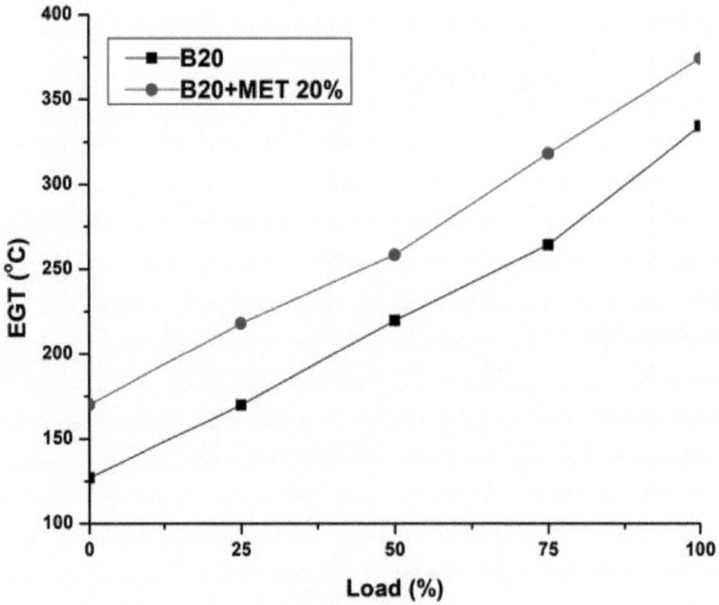

Figura 5.30 EGT com carga

A Figura 5.30 ilustra a relação entre a carga e a temperatura dos gases de escape (EGT), mostrando uma melhoria notável na EGT à medida que a carga aumenta para todos os combustíveis testados. Em particular, à carga máxima, a mistura constituída por B20+MET20% apresentou a EGT mais elevada em comparação com o combustível B20 isolado, conforme indicado no diagrama (Jatoth *et al.* 2021). Esta disparidade pode ser potencialmente atribuída aos avanços nas técnicas de injeção de combustível.

5.4.4 Pressão do cilindro

A Figura 5.31 ilustra A 100% de carga, a pressão no cilindro é medida por um ângulo de manivela de 45 graus. É a mistura de combustível B20+MET20% que apresenta a pressão mais elevada no cilindro. Na câmara de combustão, o combustível queima a uma pressão mais elevada à medida que a carga aumenta. À medida que a carga diminui, a pressão do cilindro diminui consideravelmente (Hasan *et al.* 2021).

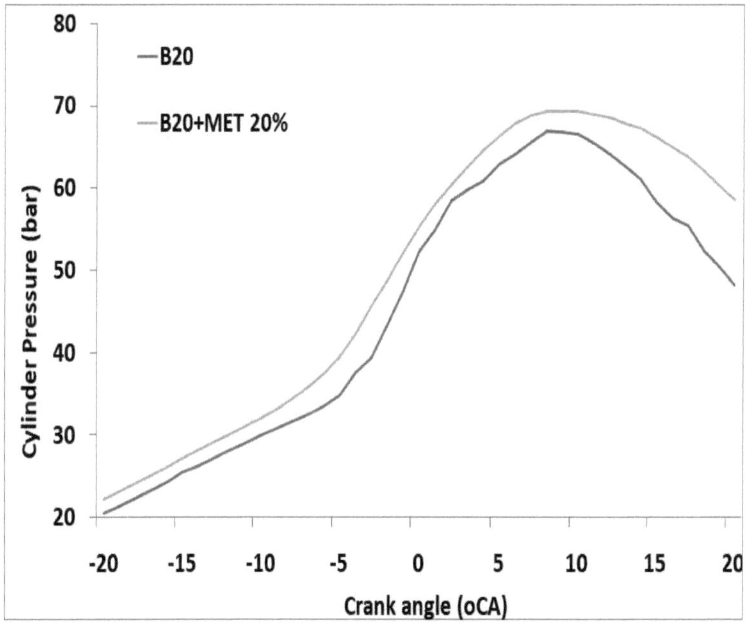

Figura 5.31 Pressão do cilindro com o ângulo da manivela

É normalmente o pico de pressão mais elevado associado ao elevado teor de oxigénio associado ao B20+MET20%. É importante notar, no entanto, que a viscosidade mais elevada se torna dominante enquanto a outra mistura se reduz, pelo que se torna mais difícil inflamar a mistura em resultado da sua maior viscosidade.

5.4.5 Libertação líquida de calor

A Figura 5.32 mostra as discrepâncias na HRR aparente para um ciclo de todas as misturas em condições de carga total. Entre todas as misturas, o combustível B20+MET20% apresentou uma taxa de libertação de calor mais elevada. Este facto pode ser atribuído às suas caraterísticas de vaporização e volatilidade melhoradas. O seu valor calorífico mais baixo, um índice de cetano mais elevado e uma temperatura de auto-ignição mais baixa fazem dele o combustível com a taxa de libertação de calor mais elevada. Estas propriedades combinadas contribuem para melhorar a eficiência da combustão e aumentar a libertação de calor, resultando na HRR mais elevada observada para o combustível B20+MET20% em comparação com outras misturas (Chen *et al.* 2022).

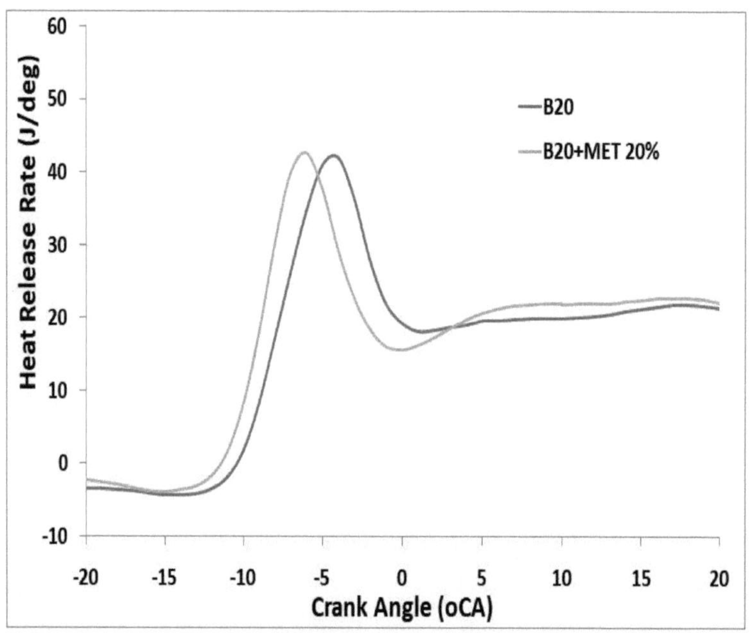

Figura 5.32 Libertação líquida de calor com o ângulo da manivela

5.4.6 Emissão de CO

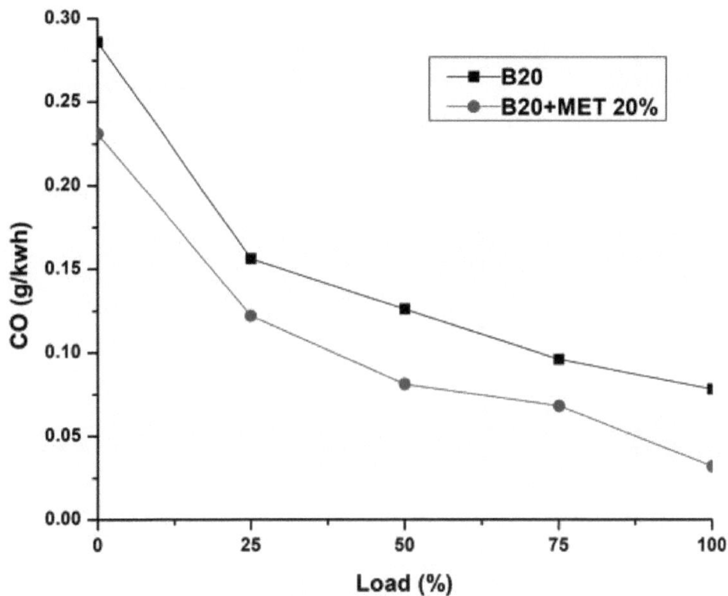

Figura 5.33 CO com carga

As emissões de CO do combustível misturado variam consoante as condições de carga, como se mostra na Figura 5.33. Registou-se uma redução significativa das emissões de CO quando se comparou o combustível B20 com o combustível B20+MET20%. É possível atribuir esta redução às caraterísticas de atraso de ignição dos combustíveis misturados com MET20%. Ao reduzir o atraso da ignição, a mistura combustível-ar é melhorada e a combustão é mais uniforme, resultando numa maior eficiência da combustão. Consequentemente, ao comparar os combustíveis misturados com MET20% com o gasóleo B20, observa-se uma diminuição considerável das emissões de CO (Pandey *et al.* 2022).

5.4.7 Emissão de HC

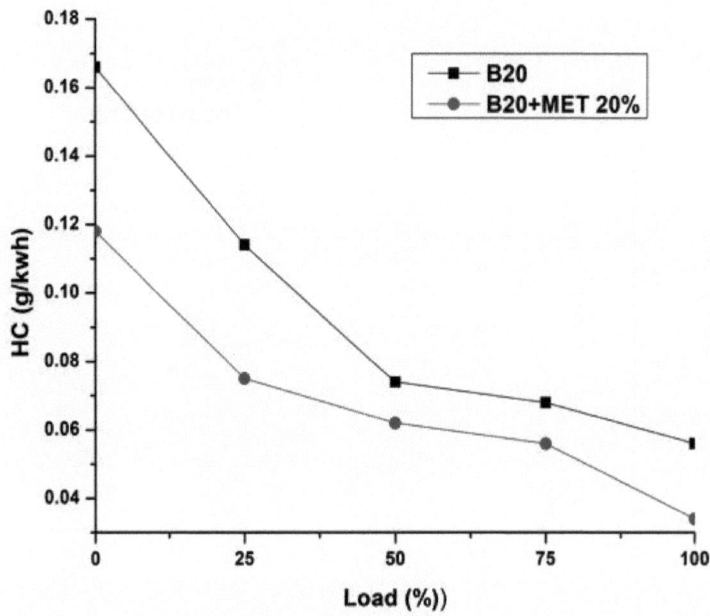

Figura 5.34 HC com carga

A Figura 5.34 apresenta dados sobre a relação entre a carga e as emissões de HC. Em particular, a mistura B20+MET20% destaca-se pelas suas emissões de HC mais baixas em comparação com as outras misturas. Esta diminuição das emissões de HC pode ser atribuída às propriedades físicas vantajosas dos álcoois metílicos presentes na mistura B20+MET20%. Estas propriedades desempenham um papel significativo no aumento da atomização do combustível, que envolve a decomposição do combustível em gotículas minúsculas para uma melhor mistura com o ar. O aumento da atomização do combustível leva a um processo de combustão mais eficiente (Atelge *et al.* 2022).

5.4.8 Emissão de NO_X

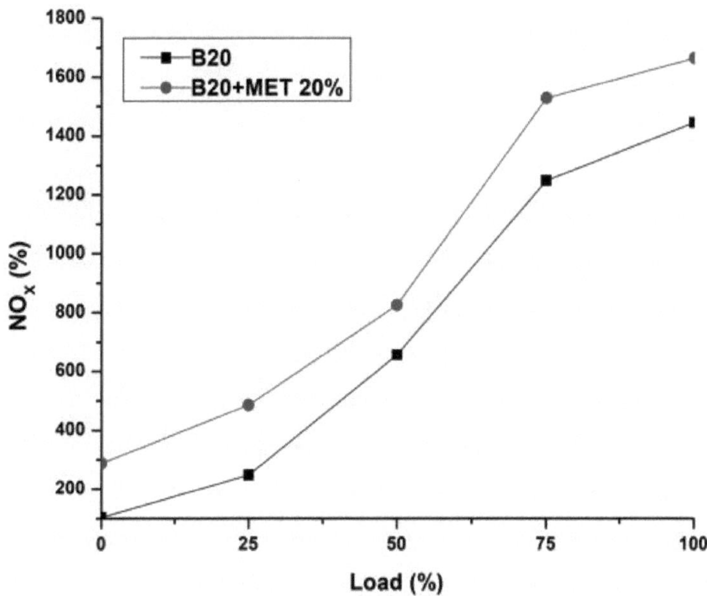

Figura 5.35 NO_x com carga

A figura 5.35 ilustra os níveis registados de emissões de NO_x (óxido de azoto) em várias condições de carga para a mistura de combustível B20+MET20%. O gráfico mostra claramente uma tendência para o aumento das emissões de NO_x. O aumento do teor de oxigénio na mistura de combustível desempenha um papel significativo durante a fase de combustão pré-misturada (Billa *et al.* 2022). Como a mistura de combustível e ar é submetida a uma mistura completa, o maior teor de oxigénio resulta em temperaturas elevadas na câmara de combustão. O aumento da temperatura promove a formação de óxidos de azoto, conduzindo consequentemente ao aumento observado nas emissões de NO_x.

5.4.9 Opacidade do fumo

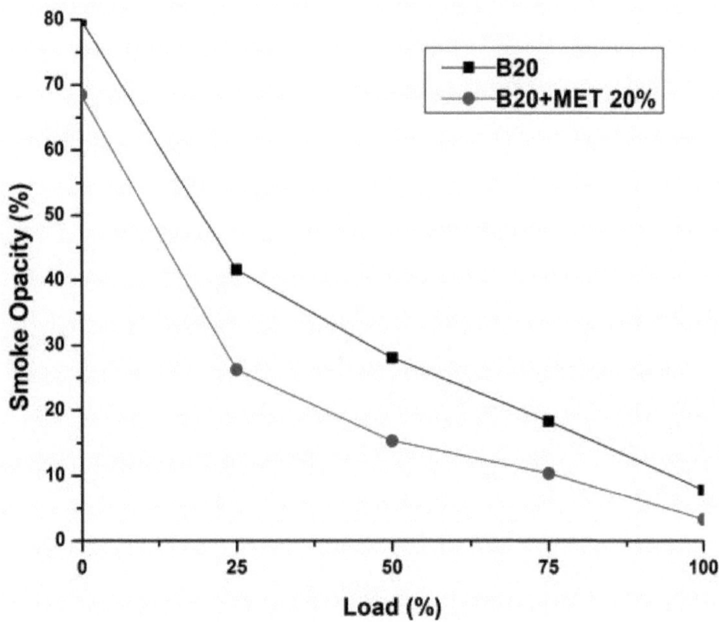

Figura 5.36 Opacidade do fumo com a carga

A Figura 5.36 mostra a relação entre a carga e a opacidade do fumo para a mistura de combustível B20+MET20%, apresentando uma representação visual dos dados. Esta redução da viscosidade desempenhou um papel fundamental no aumento da atomização, o que, por sua vez, resultou na redução das emissões de fumo. Esta diminuição da viscosidade melhora a capacidade do combustível para se decompor em gotículas mais pequenas, promovendo uma atomização mais eficaz. A atomização melhorada, por sua vez, leva a um processo de combustão mais eficiente e completo, resultando, em última análise, na redução das emissões de fumo (Seeniappan *et al.* 2022).

5.5 FUNCIONAMENTO DO MOTOR COM O B20 MISTURADO COM ÁLCOOL DE ORDEM SUPERIOR

5.5.1 Consumo de combustível específico dos travões

A Figura 5.37 mostra as variações nas emissões BSFC com a carga em toda a gama de amostras de combustível testadas. Como a dosagem de OCT20% foi elevada, estes resultados sugerem que a OCT20% melhorou os processos de atomização e combustão, levando à redução do consumo de combustível e aumentando o desempenho geral e a potência de saída.

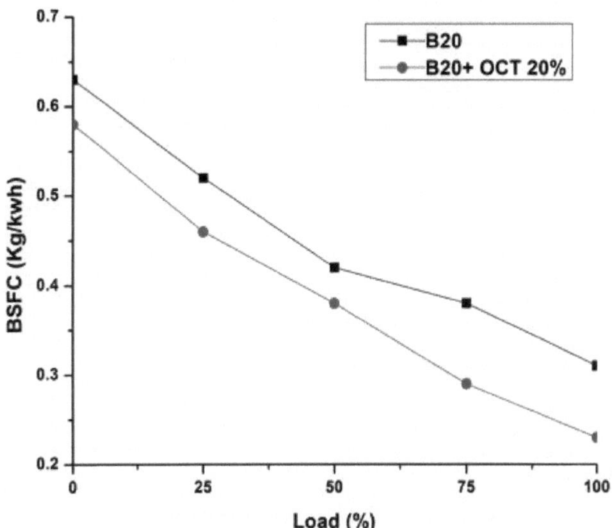

Figura 5.37 BSFC com carga

Em comparação com o B20 puro, as misturas de combustível OCT20% apresentaram geralmente um BSFC inferior. O menor poder calorífico do combustível B20 pode ser responsável por este facto. A atomização e a combustão melhoradas facilitadas pela OCT20% provavelmente contribuíram para os valores BSFC mais baixos observados, aumentando ainda mais a eficiência de combustível das misturas (Chandravanshi *et al.* 2022).

5.5.2 Eficiência térmica do travão

A Figura 5.38 apresenta a relação entre a eficiência térmica do travão

(BTE) e a carga para várias misturas de combustível. É interessante notar que todas as misturas de combustível apresentaram valores idênticos de BTE, mesmo quando a carga foi completamente removida. O BTE é tipicamente influenciado pela potência de travagem, o que significa que um aumento da carga do motor conduz frequentemente a um BTE mais elevado. No entanto, neste caso, as misturas de combustível mantiveram uma eficiência consistente, independentemente das variações de carga.

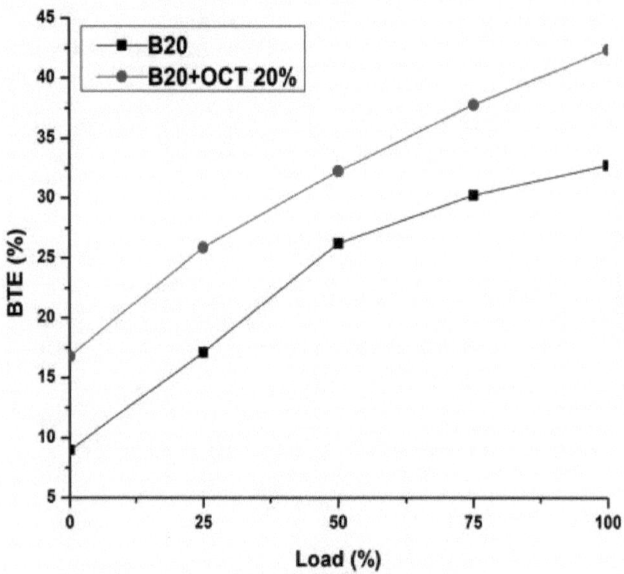

Figura 5.38 BTE com carga

Comparando a mistura B20 com B20 misturada com OCT20%, observou-se que esta última tinha um BTE ligeiramente mais elevado (Dinesha *et al.* 2022), o que indica que a adição de OCT20% ao motor teve um impacto positivo notável no desempenho. As propriedades de combustão melhoradas das misturas de combustível contendo OCT20% contribuíram provavelmente para este aumento do BTE. As caraterísticas de combustão superiores proporcionadas pelos combustíveis adicionados com OCT20% resultaram provavelmente numa melhoria da eficiência e do desempenho global (Fil *et al.*

2022).

5.5.3 Temperatura dos gases de escape

A Figura 5.39 ilustra a correlação entre a carga e a temperatura dos gases de escape (EGT), revelando uma clara tendência de melhoria da EGT com o aumento da carga em todos os combustíveis testados. Nomeadamente, à carga máxima, a inclusão de OCT20% na mistura (B20+OCT20%) resultou na EGT mais elevada em comparação com a utilização isolada do combustível B20, conforme ilustrado no diagrama. Esta discrepância pode ser atribuída aos avanços nas técnicas de injeção de combustível, que optimizam o processo de combustão (El-Sheekh *et al.* 2022).

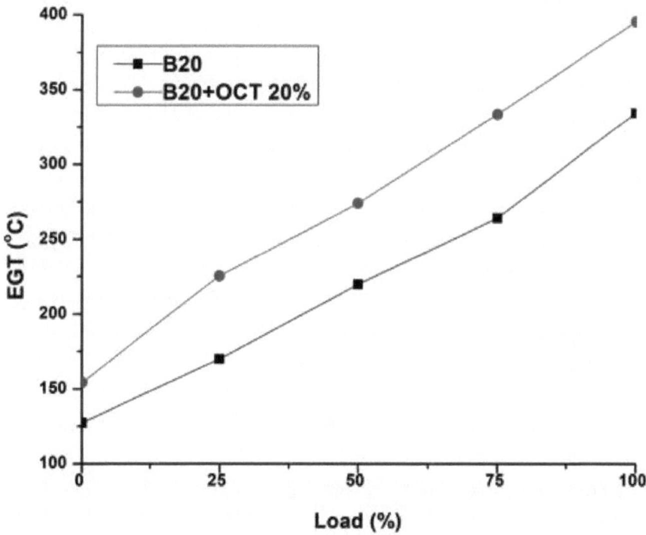

Figura 5.39 EGT com carga

5.5.4 Pressão do cilindro

Com base nas cargas máximas em vários rácios de pressão do cilindro e ângulo de manivela, a figura 5.40 mostra a relação entre a pressão do cilindro e o ângulo de manivela a OCT20%. Além disso, o pico de pressão para o gasóleo ocorre mais tarde no ângulo de manivela em comparação com outras misturas de combustível (Nour *et al.* 2022). Este atraso pode ser atribuído à atomização e vaporização inferiores do gasóleo, resultando num período de atraso mais longo. Consequentemente, uma maior quantidade de calor é desperdiçada no escape em vez de ser efetivamente convertida em trabalho útil, afectando o desempenho do (Çakmak *et al.* 2022).

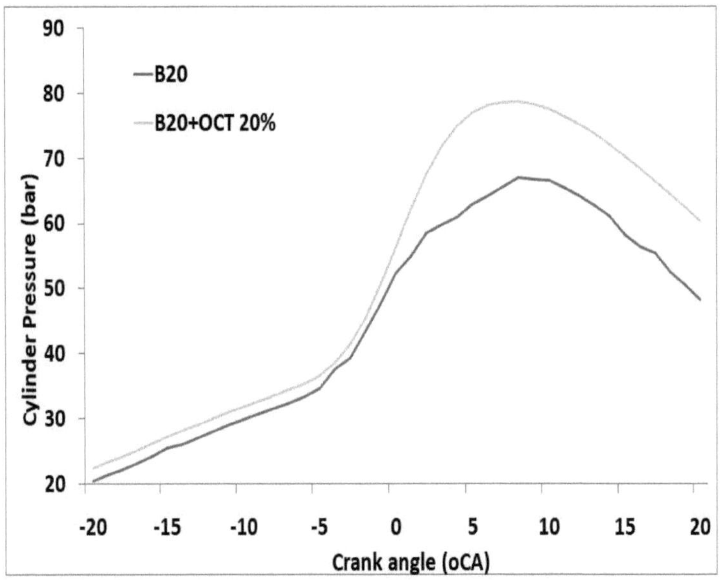

Figura 5.40 Pressão do cilindro com o ângulo da manivela

5.5.5 Libertação líquida de calor

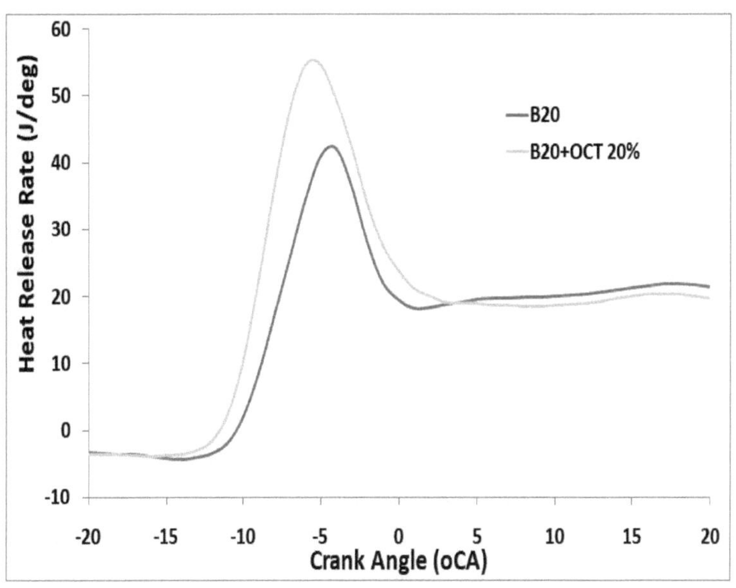

Figura 5.41 Libertação líquida de calor com o ângulo da manivela

A Figura 5.41 ilustra as diferenças na taxa de libertação de calor aparente (HRR) para um único ciclo em várias misturas de combustível em condições de carga total. Entre as misturas testadas, o combustível B20+OCT20% apresentou uma HRR notavelmente mais alta. Este aumento notável da HRR pode ser atribuído às caraterísticas melhoradas de vaporização e volatilidade do combustível B20+OCT20%. A taxa superior de libertação de calor alcançada pelo combustível B20+OCT20% pode ser atribuída a vários factores. Em primeiro lugar, possui um menor calor latente de vaporização em comparação com outras misturas. Esta caraterística permite uma vaporização mais eficiente e rápida do combustível durante o processo de combustão. Além disso, o combustível B20+OCT20% tem uma temperatura de auto-ignição mais baixa, o que facilita uma ignição mais fácil e rápida. Além disso, o combustível B20+OCT20% possui um poder calorífico mais elevado, o que significa que contém mais energia por unidade de massa em comparação com as outras misturas (Sriharikota *et al.* 2021).

5.5.6 Emissão de CO

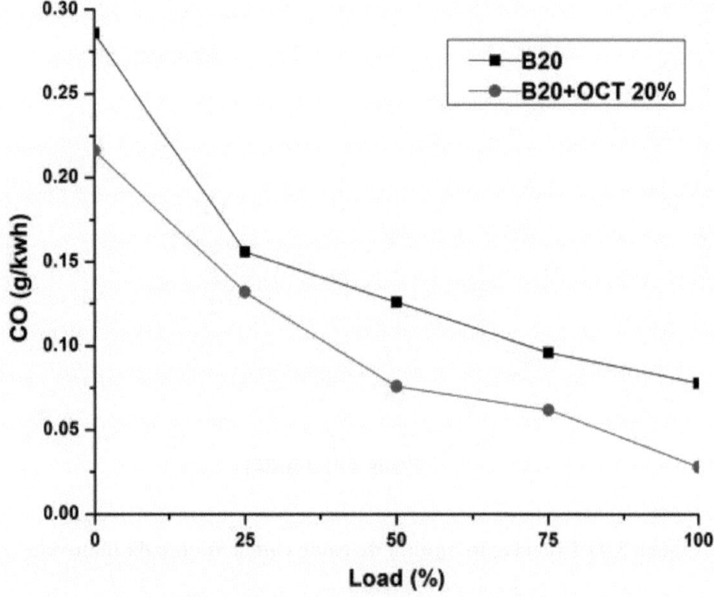

Figura 5.42 CO com carga

A Figura 5.42 mostra as alterações nas emissões de CO para o combustível misturado em diferentes condições de carga. Uma comparação entre os combustíveis B20+OCT20% e B20 demonstrou uma redução notável nas emissões de CO. Este declínio pode ser atribuído às propriedades dos combustíveis misturados com OCT20%, que possuem um atraso de ignição mais curto. O menor atraso na ignição promove uma melhor mistura combustível-ar e uma combustão mais consistente, resultando numa maior eficiência da combustão. Como resultado, quando se comparam os combustíveis misturados com OCT20% com o gasóleo B20, observa-se uma diminuição significativa das emissões de CO (Adhiseshan *et al.* 2021).

5.5.7 Emissão de HC

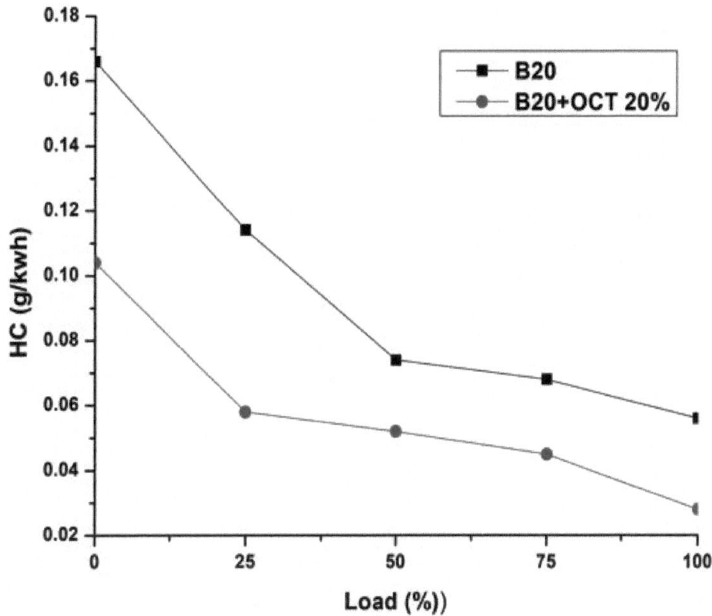

Figura 5.43 HC com carga

A mistura homogénea das misturas de combustível com o ar permitiu uma redução das emissões de HC (hidrocarbonetos). A figura 5.43 fornece informações sobre a variação das emissões de HC em função da carga. A diminuição das emissões de HC pode ser atribuída às propriedades físicas favoráveis dos álcoois octogonais presentes na mistura B20+OCT20%. Estas propriedades contribuem para uma melhor atomização do combustível, que se refere ao processo de decomposição do combustível em pequenas gotas para uma melhor mistura com o ar. Como resultado de uma melhor atomização do combustível, o processo de combustão subsequente torna-se mais eficiente (Hazar *et al.* 2022).

5.5.8 Emissão de NO_X

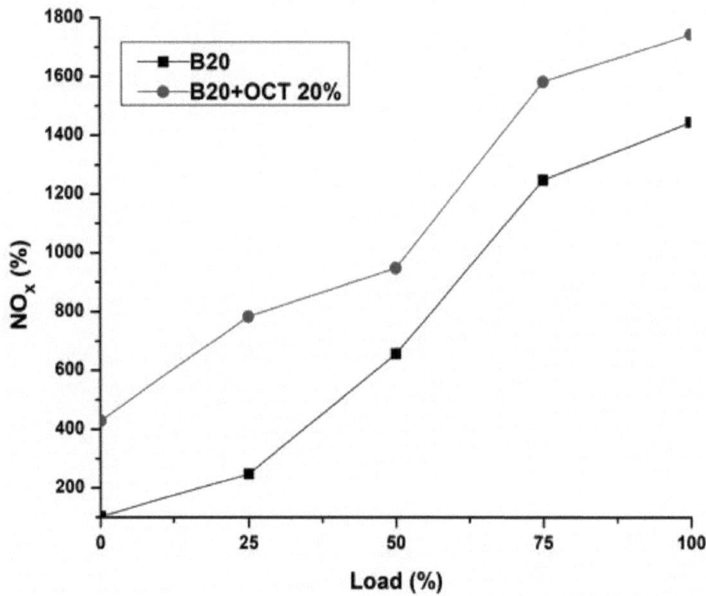

Figura 5.44 NO_x com carga

A figura 5.44 mostra a produção medida de NO_x (óxido de azoto) em várias condições de carga para a mistura de combustível B20+OCT20%. O gráfico mostra uma tendência para o aumento das emissões de NOx. Este aumento específico das emissões de NO_x pode ser atribuído ao maior teor de oxigénio presente nos combustíveis misturados B20+OCT20%. As misturas de combustíveis com um teor de oxigénio mais elevado são cruciais para a combustão pré-misturada. Em resumo, o teor mais elevado de oxigénio nos combustíveis misturados B20+OCT20% contribui para o aumento das emissões de NO_x. O teor de oxigénio melhorado facilita a mistura completa durante a combustão pré-misturada, conduzindo a temperaturas mais elevadas no cilindro e à subsequente formação de óxidos de azoto (Bhatt *et al.* 2022).

5.5.9 Opacidade do fumo

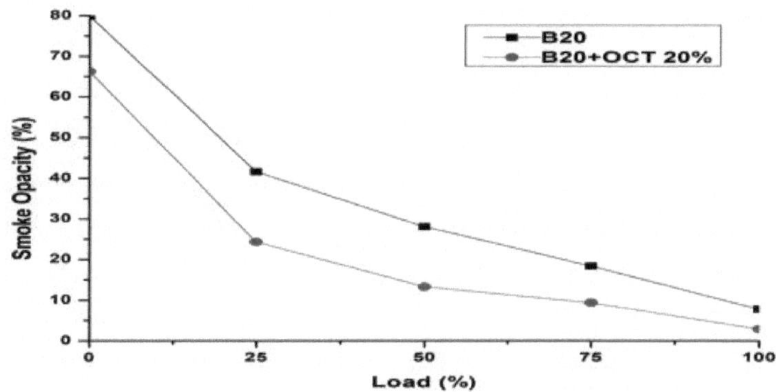

Figura 5.45 Opacidade do fumo com a carga

A Figura 5.45 apresenta uma representação visual da variação da opacidade do fumo. A mistura de B20 com 20% de octanol (OCT) resultou numa redução da viscosidade da mistura. Esta redução da viscosidade desempenhou um papel crucial na melhoria da atomização, reduzindo assim as emissões de fumo (Chandran *et al.* 2020). a mistura de B20 com 20% de octanol reduz significativamente a viscosidade da mistura de combustível. Essa diminuição da viscosidade aumenta a capacidade do combustível de se decompor em gotículas menores, promovendo uma melhor atomização. (Palani *et al.* 2022).

5.6 ANÁLISE COMPARATIVA DO FUNCIONAMENTO DO MOTOR COM O GASÓLEO, B20, B20 MISTURADO COM NANO ADITIVOS, ÁLCOOL DE ORDEM INFERIOR E ÁLCOOL DE ORDEM SUPERIOR.

5.6.1 Consumo específico de combustível ao travão

A Figura 5.46 apresenta uma comparação do BSFC para diferentes combustíveis de ensaio. Com o aumento da carga, a BSFC diminuiu. A BSFC das misturas de combustível B20+OCT20% foi reduzida. Este facto deveu-se ao aumento da eficiência do processo de combustão quando se utiliza biodiesel.

Este facto também foi observado quando se utilizou biodiesel puro.

A diminuição do BSFC foi mais acentuada a cargas mais elevadas. A razão para este facto é o menor poder calorífico do combustível B20+OCT20%. A diminuição do BSFC foi benéfica em termos de menores emissões e maior economia de combustível. Além disso, a utilização de biodiesel também ajuda a reduzir a dependência dos combustíveis fósseis.

O B20+OCT20% melhorou a atomização e a combustão, reduzindo o consumo de combustível e aumentando a potência. Esta melhoria no desempenho e na economia de combustível resultou numa diminuição global das emissões. Além disso, o biodiesel é uma fonte de combustível renovável e sustentável que pode ajudar a reduzir as emissões de carbono

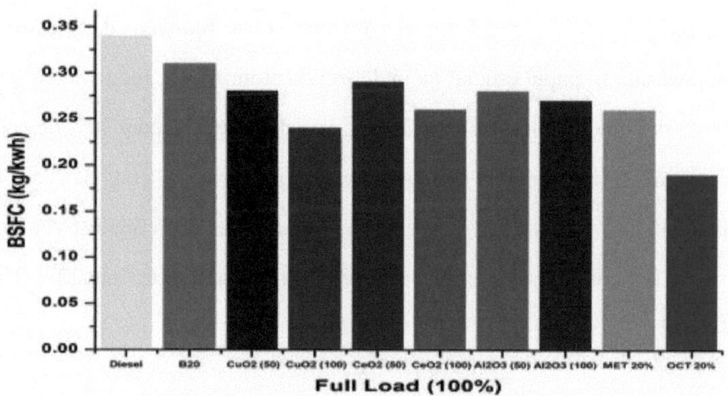

Figura 5.46 BSFC com carga

5.6.2 Eficiência térmica do travão

O BTE para todas as misturas é apresentado na Figura 5.47 em função da carga. O BTE aumenta à medida que a carga aumenta. O BTE melhora para B20+OCT20% à carga máxima. O TEB máximo da mistura é de 0,40. A melhoria do BTE é atribuída ao aumento da solubilidade da mistura devido ao maior teor de OCT. A adição de OCT20% também ajuda a melhorar as propriedades térmicas da mistura. A viscosidade e a volatilidade melhoradas contribuíram para um BTE mais elevado porque foram alcançadas caraterísticas de combustão mais elevadas devido à viscosidade e volatilidade melhoradas da mistura. Estas caraterísticas de combustão melhoradas resultaram num processo de combustão mais eficiente, o que aumentou a quantidade de energia térmica libertada, aumentando assim o valor BTE da mistura.

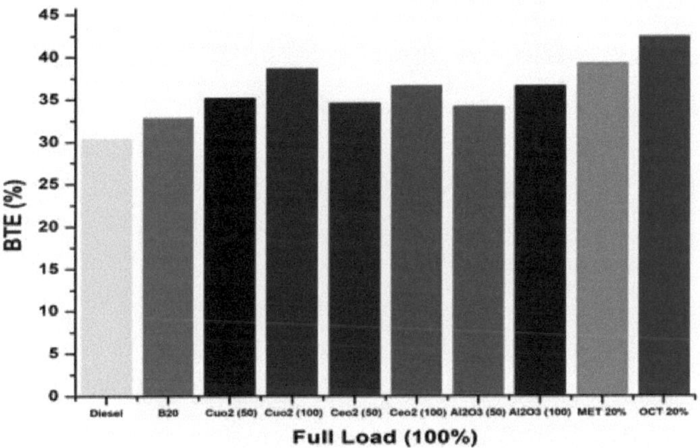

Figura 5.47 BTE com carga

5.6.3 Temperatura dos gases de escape

O EGT das misturas de combustível B20+OCT20% foi mais elevado do que o das outras misturas, como mostra a Figura 5.48. É possível que isto esteja relacionado com o aumento da injeção de combustível. Este aumento da injeção de combustível pode levar a uma temperatura de combustão mais elevada, o que conduziria a um EGT mais elevado. Além disso, o aumento da injeção de combustível pode também levar a um aumento das emissões. Além disso, o aumento da utilização de oxigénio do B20+OCT20% ajudou o processo de combustão, aumentando a temperatura de pico e melhorando assim o EGT. O aumento do EGT conduziria, por sua vez, a um aumento das emissões de NOx. Isto poderia ter um impacto negativo no ambiente e na saúde pública

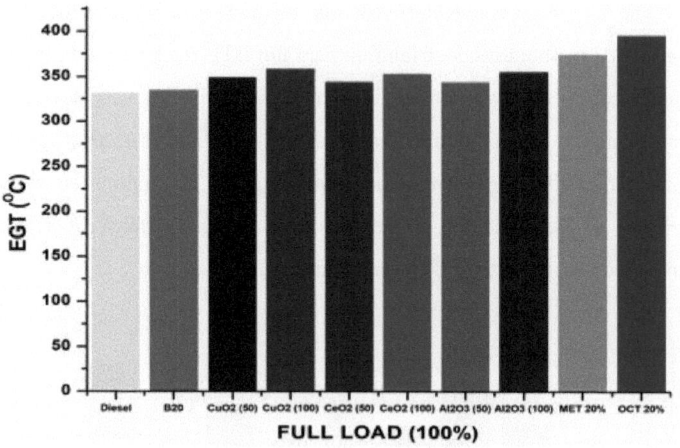

Figura 5.48 EGT com carga

5.6.4 Pressão do cilindro

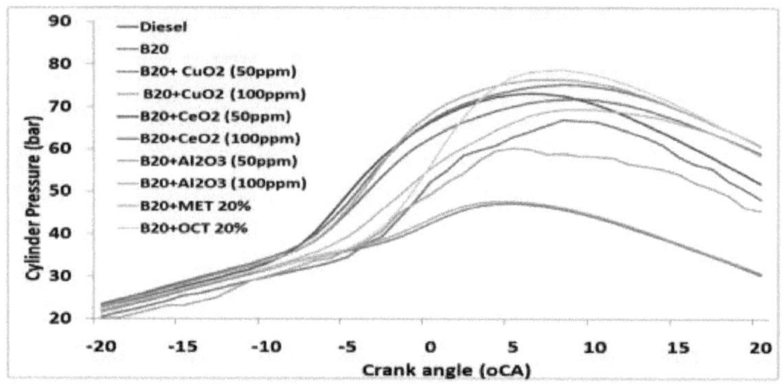

Figura 5.49 Pressão do cilindro versus ângulo da manivela

De acordo com a Figura 5.49, a pressão do cilindro é traçada em função do ângulo de manivela para diferentes misturas de combustível quando o motor está a funcionar a 100% de carga. Devido às suas propriedades físicas melhoradas, o combustível B20+OCT20% proporciona uma melhor pressão do cilindro do que as outras misturas, e o seu pico de pressão ocorre mais cedo do que as outras misturas. O combustível B20+OCT20% tem também menos emissões de monóxido de carbono e de outros poluentes do que o gasóleo, o que o torna uma escolha amiga do ambiente. Além disso, o seu índice de cetano mais elevado facilita o arranque e o funcionamento em tempo frio. O combustível octanol tem o índice de cetano e o poder calorífico mais elevados de todos os combustíveis, pelo que o B20+OCT20% produz a pressão de injeção mais elevada. Esta pressão mais elevada resulta numa maior eficiência e economia de combustível. É também mais seguro de utilizar devido à sua menor volatilidade.

5.6.5 Taxa líquida de libertação de calor

A HRR, ou HRR instantânea, mede a quantidade de calor desenvolvida pela mistura explosiva quando é aplicado um determinado ângulo de manivela. Esta medição é utilizada para determinar a quantidade de combustível que é injectada no motor, bem como a quantidade de mistura de ar e combustível necessária para atingir a potência máxima. A HRR também desempenha um papel importante no cálculo da taxa de combustão do combustível. Para condições de carga máxima, a Figura 5.50 mostra as diferenças na HRR aparente de todas as misturas para um ciclo. O combustível B20+OCT 20 libertou uma taxa de libertação de calor mais elevada do que todas as misturas devido à sua melhor vaporização e volatilidade. O combustível B20+OCT 20 apresentou os valores mais elevados de HRR em comparação com todas as outras misturas. Isto deveu-se à sua maior volatilidade, que lhe permitiu queimar mais completamente e gerar mais calor. O combustível B20+OCT 20 foi também o combustível mais eficiente em termos de consumo de energia. A taxa de libertação de calor do B20+OCT 20% é mais elevada porque o seu calor latente de vaporização, a sua temperatura de auto-ignição, o seu poder calorífico e o seu índice de cetano são mais baixos. A combustão do B20+OCT 20% é mais rápida do que a dos outros combustíveis e produz mais emissões.

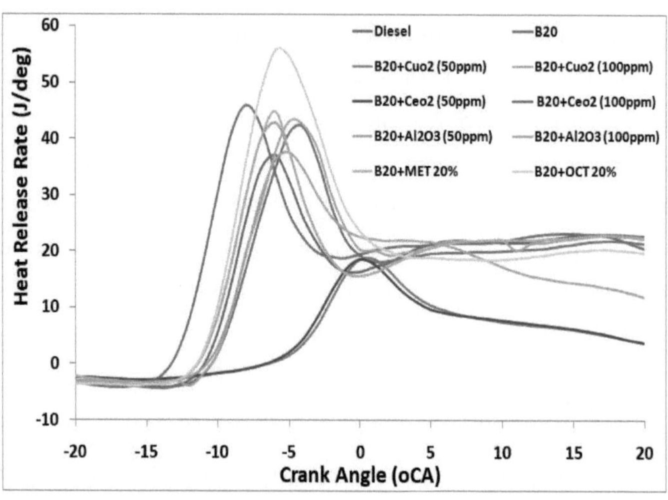

Figura 5.50 HRR versus ângulo de manivela

5.6.6 Emissão de CO

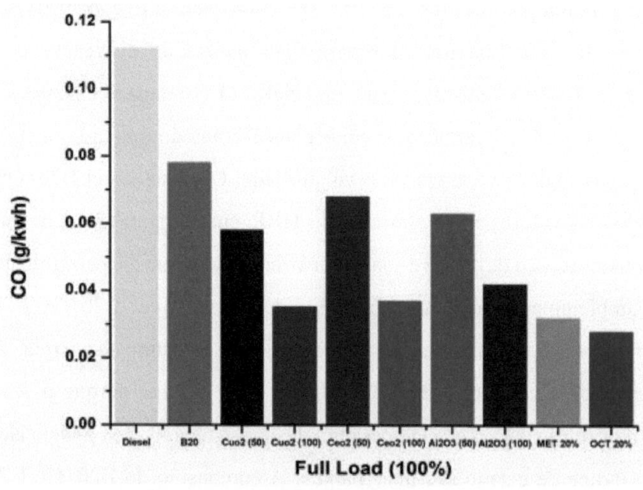

Figura 5.51 Emissão de CO com a carga

A variação de CO relacionada com a carga é apresentada na Figura 5.51. A emissão de CO é reduzida para a mistura B20+OCT20% em comparação com todas as misturas em condições semelhantes. Este facto deve-se à melhoria da eficiência de combustão da mistura. A redução das emissões de CO indica que a mistura é um combustível mais sustentável em comparação com a gasolina pura. Prevê-se que as emissões de CO da mistura sejam ainda mais baixas a velocidades de motor mais elevadas. Como a mistura contém álcoois octogonais, o desempenho é melhorado devido a uma melhor atomização do combustível. A mistura também contém um teor de oxigénio mais baixo, o que ajuda a reduzir as batidas do motor. O aumento do teor de oxigénio da gasolina pura pode provocar pancadas no motor, resultando numa redução do desempenho e da economia de combustível. A injeção de combustíveis B20+OCT20% reduziu as emissões de CO devido a uma melhor oxidação das emissões de CO na injeção. Isto também ajuda a reduzir as emissões de partículas finas, que podem contribuir para a poluição atmosférica. Além disso, os combustíveis B20+OCT20% podem reduzir as emissões de óxidos de azoto, outra fonte importante de poluição atmosférica.

5.6.7 Emissão de HC

É utilizada uma mistura homogénea de combustível e ar para reduzir as emissões de HC das misturas de combustível. As emissões de HC são ilustradas na figura 5.52 em função da carga. As misturas B20+OCT20% produzem menos emissões de HC quando comparadas com outras misturas. Para além das suas propriedades físicas favoráveis, o álcool octogonal reduz as emissões de HC através de processos melhorados de atomização e combustão. É utilizada uma mistura homogénea de combustível e ar para reduzir as emissões de HC das misturas de combustível. Esta mistura é injectada na câmara de combustão do motor e ajuda a queimar o combustível de forma mais eficiente. A redução das emissões é benéfica para a qualidade do ar e para o ambiente. As emissões de HC são ilustradas na figura 5.52 em função da carga. As misturas B20+OCT20% produzem menos emissões de HC quando comparadas com outras misturas. Este facto deve-se provavelmente às caraterísticas de combustão melhoradas da mistura B20+OCT20%. A adição de um potenciador de octano reduz a temperatura do ar de admissão necessária, resultando numa melhor eficiência da combustão e em menores emissões. Para além das suas propriedades físicas favoráveis, o álcool octogonal reduz as emissões de HC através de processos de atomização e combustão melhorados. A mistura B20+OCT20% é também mais económica do que o biodiesel B20 puro, o que a torna uma opção atractiva para motores diesel. Além disso, é compatível com a tecnologia de motores existente e pode ser utilizada sem quaisquer modificações.

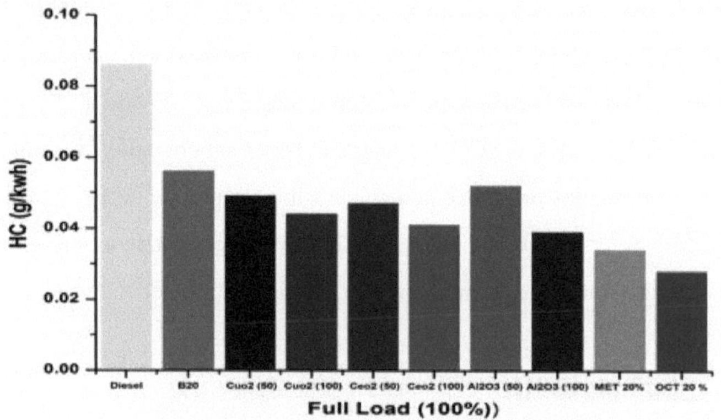

Figura 5.52 Emissões de HC com a carga

5.6.8 Emissão de NO_X

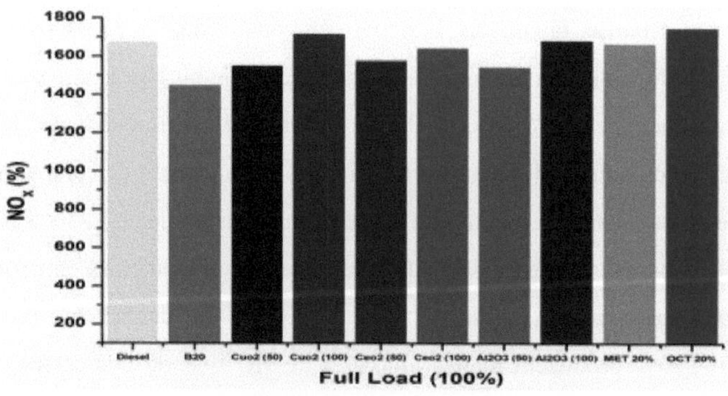

Figura 5.53 Emissão de NO_X com a carga

A comparação das emissões de NOx para todas as misturas é apresentada na figura 5.53. As emissões de NOx aumentaram devido à temperatura mais elevada no cilindro quando os combustíveis misturados B20+OCT20% foram completamente misturados na fase de combustão pré-misturada. A comparação das emissões de NOx para todas as misturas é apresentada na figura 5.53. As emissões de NOx aumentaram devido à temperatura mais elevada no cilindro quando os combustíveis misturados B20+OCT20% foram completamente misturados na fase de combustão pré-misturada. Este aumento deveu-se à temperatura de combustão mais elevada causada pela maior viscosidade dos combustíveis misturados. Além disso, o aumento das emissões de NOx foi causado pelo maior teor de oxigénio dos combustíveis misturados.

5.6.9 Opacidade do fumo

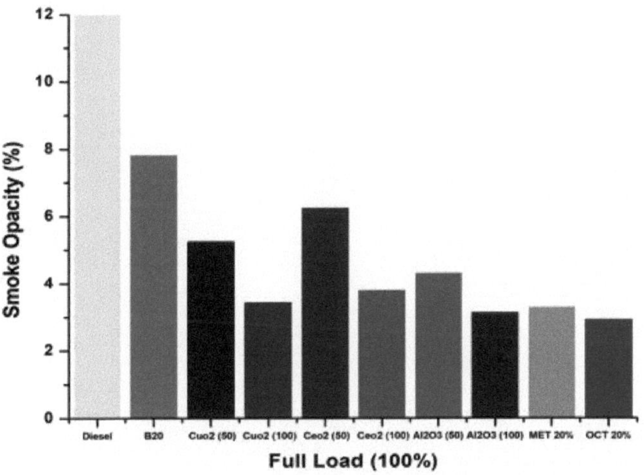

Figura 5.54 Opacidade do fumo com a carga

A opacidade do fumo para diferentes misturas é ilustrada na Figura 5.54. Quando o B20 foi misturado com OCT20%, a viscosidade da mistura foi reduzida, o que melhorou a atomização e reduziu as emissões de fumo. A opacidade do fumo da mistura de B20 com OCT20% foi significativamente mais baixa do que a da mistura de B20 sem OCT20%. Isto mostra que a mistura com OCT20% é uma forma eficaz de reduzir as emissões de fumo dos motores diesel. Devido ao seu elevado índice de cetano, a mistura B20+Octanol 20% provocou a menor quantidade de fumo. Isto sugere que o B20+Octanol 20% é uma alternativa viável aos combustíveis diesel tradicionais para reduzir as emissões. Além disso, o B20+Octanol 20% tem o potencial de reduzir a poluição atmosférica e os riscos para a saúde causados pelos motores diesel.

CAPÍTULO 6

CONCLUSÃO E ÂMBITO DO TRABALHO FUTURO

6.1 CONCLUSÃO

Todo o projeto de investigação está dividido em duas fases, cada uma com um resumo único. Na primeira fase, a investigação centra-se na seleção cuidadosa de nanopartículas de óxido metálico CuO_2, CeO_2 e Al_2O_3 em proporções variáveis (50ppm e 100ppm). Estas nanopartículas são misturadas com combustível B20 para criar diferentes misturas de combustível. Passando à segunda fase, o motor é submetido a vários ensaios em diferentes condições de funcionamento. Estas condições incluem a utilização de combustível diesel, biodiesel de algas B20 misturado com metanol e combustível octogonal. O motor é ensaiado numa gama de cargas, desde a ausência de carga até à carga máxima. Ao analisar os resultados experimentais, observa-se que a combinação de combustível B20+OCT20% produz a maior eficiência térmica de travagem de 42,36%.

As misturas de combustível preparadas são testadas numa gama de cargas, desde a carga zero até à carga máxima. É realizada uma série de ensaios, em que a eficiência térmica da travagem, as emissões de escape e os parâmetros de combustão, como a pressão do cilindro e as taxas de libertação de calor, são medidos e analisados para todas as misturas de combustível, incluindo o gasóleo. Os resultados são então comparados para determinar as vantagens de desempenho e as caraterísticas de emissão das diferentes misturas de combustível em relação ao gasóleo. Esta investigação fornece informações valiosas sobre os potenciais benefícios da utilização da mistura B20+OCT20% e o seu impacto no desempenho do motor, na eficiência da combustão e nas emissões.

O impacto da utilização de uma mistura B20+OCT20% em comparação com o gasóleo é apresentado na Tabela 6.1 Combinações de misturas e parâmetros. Neste exemplo, as propriedades da mistura B20+OCT20% são destacadas a negrito para indicar onde existem diferenças notáveis em relação ao gasóleo. Isto ajuda a realçar o impacto da utilização desta mistura específica em comparação com o gasóleo tradicional.

Quadro 6.1 Combinações de misturas e parâmetros

Bens/combustíveis	**Gasóleo**	B20	B20 CuO_2 50ppm	B20 $CeO_{(2}$ 50ppm	B20 Al2$O_{(3}$ 50ppm	B20 CuO_2 100ppm	B20 CeO_2 100ppm	B20 Al_2O_3 100ppm	MET 20%	**PTU 20%**
Densidade a 20°C (g/m^3)	**0.820**	0.822	0.828	0.826	0.821	0.833	0.833	0.824	0.824	**0.828**
Viscosidade cinemática (mm2/s) a 40°C	**3.8**	3.8	3.8	4.7	3.7	4.8	3.5	3.8	3.7	**3.9**
Poder calorífico (MJ/kg)	**43852**	41242	41842	41632	41502	42938	42578	42495	43862	**43866**
Ponto de inflamação (°C)	**52**	54	56	56	55	56	58	57	57	**59**
Ponto de nuvem (°C)	**<-14**	<-14	<-14	<-14	<-14	<-14	<-14	<-14	<-14	**<-14**
Ponto de	**<-14**	<-14	<-14	<-14	<-14	<-14	<-14	<-14	<-14	**<-14**

fluidez (ºC)										
Índice de cetano	**55**	53	51	53	50	52	53	52	51	**57**

O método de transesterificação foi identificado como a técnica mais simples e eficiente para a produção de óleo de microalgas Botryococcus braunii methyl ester (BBAME) a partir de óleos de microalgas Botryococcus braunii, conforme discutido em capítulos anteriores sobre métodos de preparação de biodiesel. Neste estudo, o hidróxido de sódio (NaOH) foi escolhido como catalisador devido à sua relação custo-eficácia e ao curto tempo de reação. Verificou-se que estes factores facilitam a conversão máxima do óleo de microalgas Botryococcus braunii em BBAME.

Os resultados da investigação indicam que o biodiesel misturado com nanopartículas demonstra propriedades favoráveis e representa uma opção de combustível alternativa promissora para motores a gasóleo. De um modo geral, o método de transesterificação que utiliza NaOH como catalisador, em condições de reação optimizadas, revelou-se bem sucedido na obtenção de elevados rendimentos de BBAME a partir de óleos de microalgas Botryococcus braunii. O estudo sublinha ainda o potencial do biodiesel misturado com nanopartículas como um combustível substituto viável para utilização em motores a gasóleo.

As conclusões dos resultados são apresentadas de seguida.

- Em comparação com o gasóleo em condições de 100% de carga, a mistura B20+OCT20% apresentou uma eficiência térmica de travagem (BTE) melhorada. Além disso, o combustível octogonal tem um ponto de ebulição e um valor de aquecimento mais baixos, o que contribui para a melhoria da eficiência.

- Quando comparada com o gasóleo, a mistura B20+OCT20% emite mais NO_X em condições de plena carga. O combustível octogonal tem um elevado calor latente de vaporização, o que resulta neste comportamento. O aumento das emissões de NO_X indica que o processo de combustão na mistura B20+OCT20% resulta numa maior produção de óxidos de azoto, provavelmente devido às caraterísticas únicas do combustível octogonal.

- Quando a mistura B20+OCT20% é utilizada a plena carga, as emissões de hidrocarbonetos, de monóxido de carbono e a opacidade dos fumos são reduzidas em comparação com o gasóleo. Estas melhorias são atribuíveis à inclusão de combustível octogonal, que enriquece a mistura de combustível. Como o octogonal ajuda a tornar a combustão mais eficiente, há menos emissões de hidrocarbonetos, monóxido de carbono e opacidade do fumo. A utilização da mistura B20+OCT20% demonstra o seu potencial como alternativa mais limpa, evidenciando a sua capacidade de atenuar as emissões nocivas e de promover uma combustão amiga do ambiente.

- A mistura de combustível B20+OCT20% apresenta uma maior taxa de libertação de calor, pressão no cilindro e duração da combustão em comparação com outras misturas de combustível. A mistura B20+OCT20% assegura uma utilização mais eficiente do combustível, resultando numa maior taxa de libertação de calor, maior pressão no cilindro e maior duração da combustão. Isto indica que o processo de combustão na mistura B20+OCT20% é mais completo e eficaz, levando a um melhor desempenho do motor e caraterísticas de combustão.

6.2 ÂMBITO DO TRABALHO FUTURO

O trabalho experimental pode ser alargado ao seguinte com diferentes técnicas.

- Este trabalho de investigação pode ser alargado ao estudo de um motor multi-cilindros.
- Este estudo pode ser alargado a diferentes nanopartículas de óxido metálico com diferentes proporções.
- Este estudo pode ser alargado com diferentes pressões de injeção, tempos de injeção e taxas de compressão.
- A análise do desempenho, das emissões e da combustão pode ser alargada através da análise CFD.

REFERÊNCIAS

1. Abdollahi, M, Ghobadian, B & Najafi, G 2020, 'Impact of water - biodiesel - diesel nano-emulsion fuel on performance parameters and diesel engine emission', Fuel, vol. 280, pp. 118156.

2. Adhiseshan, JS, Sundaram, SA & Saravanakumar, L 2021, 'Experimental investigations of a single cylinder four stroke diesel engine using modified piston bowl fuelled with Jojoba biodiesel blend', Materials Today: Proceedings, vol. 46, pp. 9844-9849.

3. Agbulut, Ü, Sarıdemir, S, Rajak, U, Polat, F, Afzal, A & Verma, TN 2021, 'Effects of high-dosage copper oxide nanoparticles addition in diesel fuel on engine characteristics', Energy, vol. 229, pp. 120611.

4. Arumugam, G & Muralidharan, K 2022, 'Influence of biodegradable graphene oxide nano-platelets blended with Indian Geranium grass biodiesel in a diesel engine', International Journal of Environmental Science and Technology, vol. 19, no. 9, pp. 8613-8632.

5. Atelge, MR 2022, 'Experimental study of a blend of Diesel/Ethanol/n-Butanol with hydrogen additive on combustion and emission and exegetic evaluation', Fuel, vol. 325, pp. 124903.

6. Awad, OI, Ma, X, Kamil, M, Ali, OM, Ma, Y & Shuai, S 2020, 'Overview of polyoxymethylene dimethyl ether additive as an eco-friendly fuel for an internal combustion engine: Aplicação atual e impactos ambientais", Science of the Total Environment, vol. 715, pp. 136849.

7. Aydin & Selman 2020, 'Comprehensive analysis of combustion, performance and emissions of power generator diesel engine fueled with different source of biodiesel blends', Energy, vol. 205, pp. 118074.

8. Ayhan, Vezir, Çangal, Çiçek, Cesur, İdris, Çoban, Aslan, Ergen, Gökhen, Çay, Yusuf, Kolip, Ahmet & Özsert, İbrahim 2020, 'Otimização dos factores que afectam o desempenho e as emissões num moiesel que utiliza biodiesel e EGR com o método taguchi', Fuel, vol. 261, pp. 116371.

9. Bari, S, Hossain, SN & Saad, I 2020, 'A review on improving airflow characteristics inside the combustion chamber of CI engines to improve the performance with higher viscous biofuels', Fuel, vol. 264, pp. 116769.

10. Basha, JS, Al Balushi, M, Soudagar, MEM, Safaei, MR, Mujtaba, MA, Khan, TY & Elfasakhany, A 2022, "Applications of nano-additives in internal combustion engines: A critical review", Journal of Thermal Analysis and Calorimetry, vol. 147, n.º 17, pp. 9383-9403.

11. Bashir, Mohammed JK, Wong, Lai Peng Hilaire & Dickens St 2020, "Produção de biodiesel a partir de gordura castanha produzida por uma estação de tratamento de águas residuais: Otimização das condições de reação catalisadas por ácido", Journal of Environmental Chemical Engineering, vol. 8, no. 4, pp. 1038-1048.

12. Bello, YH, Ookawara, SA, Ahmed, MA, El-Khouly, MA & Elwardany, AE 2020, 'Investigating the engine performance, emissions and soot characteristics of CI engine fueled with diesel fuel loaded with graphene oxide-titanium dioxide nanocomposites', Fuel, vol. 269, pp. 1176-1184.

13. Bhatia, SK, Bhatia, RK, Jeon, J, Pugazhendhi, A, Awasthi, MK, Kumar, D, Kumar, G, Yoon, J & Yang, Y 2021, 'An overview on advancements in biobased transesterification methods for biodiesel production: Oil resources, extraction, biocatalysts, and process intensification technologies", Fuel, vol. 285, pp. 119117.

14. Bhatt, AN & Shrivastava, N 2022, 'Experimental Investigation and neural network modelling of diesel engine using hexanol blended ternary waste cooking oil biodiesel with moderate preheating', Sustainable Energy Technologies and Assessments, vol. 52, pp. 102285.

15. Bhuiya, MMK, Rasul, MG, Khan, MMK & Ashwath, N 2020, "Produção de biodiesel e caraterização do éster metílico do óleo de sementes de papoila (Papaver somniferum L.) como fonte de matéria-prima de biodiesel de 2.ª geração", Industrial Crops and Products, vol. 152, pp. 112493.

16. Billa, KK, Deb, M, Sastry, GRK & Dey, S 2022, 'Experimental investigation on dispersing graphene-oxide in biodiesel/diesel/higher alcohol blends on diesel engine using response surface methodology', Environmental Technology, vol. 43, no. 20, pp. 3131-3148.

17. Cakmak, A & Özcan, H 2022, 'Analysis of combustion and emissions characteristics of a DI diesel engine fuelled with diesel/ biodiesel/glycerol tert-butyl ethers mixture by altering compression ratio and injection timing', Fuel, vol. 315, pp. 123200.

18. Chandran, M, Chinnappan, R & Ang, CK 2020, 'Effect of nano cerium oxide additive with tire oil blends on diesel engine combustion and emissions parameters with soot morphology analysis, Energy Sources Part A Recover', Util. Environ. Eff., pp. 1-13.

19. Chandravanshi, A, Pandey, S & Malviya, RK 2022, 'Experimental investigation on the effects of using ethanol with biodiesel and diesel blends along with exhaust gas recirculation and magnetization of fuel in the diesel engine', Environmental Progress & Sustainable Energy, vol. 41, no. 5, pp. e13844.

20. Chen, Q, Wang, C, Shao, K, Liu, Y, Chen, X & Qian, Y 2022, 'Analyzing the combustion and emissions of a DI diesel engine powered by primary alcohol (methanol, ethanol, n-butanol)/diesel blend with aluminum nano-additives', Fuel, vol. 328, pp. 125222.

21. Dabi, M & Saha, UK 2020, 'Implications of blended Mesua ferrea Linn oil on performance, combustion and emissions of compression ignition diesel engines', Thermal Science and Engineering Progress, vol. 19, pp. 100579.

22. Devarajan, Y, Beemkumar, N, Ganesan, S &Arunkumar, T 2020, 'An experimental study on the influence of an oxygenated additive in diesel engine fuelled with neat papaya seed biodiesel/diesel blends,' Fuel, vol. 268, no. 10, pp. 117254.

23. Dinesha, P, Mohan, S & Kumar, S 2022, 'Experimental investigation of SI engine characteristics using Acetone-Butanol-Ethanol (ABE)-Gasoline blends and optimization using Particle Swarm Optimization', International Journal of Hydrogen Energy, vol. 47, no. 8, pp. 5692-5708.

24. EdwinGeo, V, Fol, G, Aloui, F, Thiyagarajan, S, Stanley, MJ, Sonthalia, A & Saravanan, CG 2021, 'Experimental analysis to reduce CO_2 and other emissions of CRDI CI engine using low viscous biofuels', Fuel, vol. 283, pp. 118829

25. EL-Seesy, Ahmed I, He, Zhixia Hassan, Hamdy & Balasubramanian, Dhinesh 2020, 'Improvement of combustion and emission characteristics of a diesel engine working with diesel/jojoba oil blends and butanol additive', Fuel, vol. 279, pp. 118433.

26. EL-Seesy, AI, He, Z, Hassan, H & Balasubramanian, D 2020, 'Improvement of combustion and emission characteristics of a diesel engine working with diesel/jojoba oil blends and butanol additive', Fuel, vol. 279, no. 118433.

27. El-Sheekh, MM, Bedaiwy, MY, El-Nagar, AA, ElKelawy, M & Bastawissi, HAE 2022, 'Produção de biocombustível de etanol e otimização das caraterísticas do hidrolisado de palha de trigo: Performance and emission study of DI-diesel engine fueled with diesel/biodiesel/ethanol blends", Renewable Energy, vol. 191, pp. 591-607.

28. Elumalai, PV, Balasubramanian, D, Parthasarathy, M, Pradeepkumar, AR, Iqbal, SM, Jayakar, J & Nambiraj, M 2021, 'An experimental study on harmful pollution reduction technique in low heat rejection engine fuelled with blends of pre-heated linseed oil and nano additive', Journal of Cleaner Production, vol. 283, pp. 124617.

29. Fayad, MA & Dhahad, HA 2021, 'Effects of adding aluminum oxide nanoparticles to butanol-diesel blends on performance, particulate matter, and emission characteristics of diesel engine', Fuel, vol. 286, no. 2, pp. 119363.

30. Fil, HE & Akansu, SO 2022, 'Experimental investigation of diesel-ethanol fuel blends in a compression ignition engine', International Journal of Energy for a Clean Environment, vol. 23, no. 1, pp. 139-151.

31. Ganesan, R, Manigandan, S, Samuel, MS, Shanmuganathan, R, Brindhadevi, K, Chi, NTL & Pugazhendhi, A 2020, "A review on prospective production of biofuel from microalgae", Biotechnology Reports, vol. 27, pp. e00509.

32. Gao, Z, Wan, H & Ji, J 2021, 'The effect of blend ratio on the combustion process of mutually stratified blended fuels pool fire', Proceedings of the Combustion Institute, vol. 38, no. 3, pp. 4995-5003

33. Ge Jun Cong, Kim Ho Young & Nag Jung 2020, 'Optimization of palm oilbiodiesel blends and engine operatingparameters to improve performance and PM morphology in a common rail direct injection diesel engine', Fuel, vol. 260, pp. 116326.

34. Gharehghani, A 2020, 'Experimental Investigation of the Effect of Nano-particle Concentrations on the First and Second Laws efficiency in CI engine fueled with Diesel/Biodiesel blend', Modares Mechanical Engineering, vol. 20, no. 8, pp. 2009-2016.

35. Giridharan, R, Rajan, A, Vennimalai, Krishnan, B & Radha 2020, 'Performance and emission characteristics of Algae oil in diesel engine', Materials Today: Proceedings, vol. 37, n.º 2, pp. 576-579.

36. Giridharan, R, Vennimalai Rajan, A & Radha Krishnan, B 2021, 'Performance and emission characteristics of algae oil in diesel engine', Materials Today: Proceedings, vol. 37, no. 2, pp. 576-579.

37. Harsha, CS, Suganthan, T & Srihari, S 2020, 'Performance and emission characteristics of diesel engine using biodiesel-diesel-nanoparticle blends-an experimental study', Materials Today: Proceedings, vo. 24, pp. 1355-1364.

38. Hasan, AO, Osman, AI, Ala'a, H, Al-Rawashdeh, H, Abu-jrai, A, Ahmad, R & Rooney, DW 2021, "An experimental study of engine characteristics and tailpipe emissions from modern DI diesel engine fuelled with methanol/diesel blends", Fuel Processing Technology, vol. 220, n.o 1, pp. 106901.

39. Hazar, H, Telceken, T & Sevinc, H 2022, 'An experimental study on emission of a diesel engine fuelled with SME (safflower methyl ester) and diesel fuel', Energy, vol. 241, pp. 122915.

40. Hoang, AT, Nižetić, S & Pham, VV 2021, 'Uma revisão do estado da arte sobre as caraterísticas de emissão de motores SI e CI abastecidos com biocombustível 2, 5-dimetilfurano', Environmental Science and Pollution Research, vol. 28, no. 5, pp. 4918-4950.

41. Huang, Jiaqi Xiao, Helin Yang & Xiuqing 2020, 'Effects of methanol blending on combustion characteristics and various emissions of a diesel engine fueled with soybean biodiesel', Fuel, vol. 282, pp. 118734..

42. Hussain, F, Soudagar, MEM, Afzal, A, Mujtaba, MA, Fattah, IR, Naik, B & Rahman, SA 2020, "Melhoria das caraterísticas de combustão, desempenho e emissões de um motor diesel alimentado com aditivo de nanopartículas de Ce-ZnO adicionado a misturas de biodiesel de soja", Energies, vol. 13, n.º 17, pp. 4578.

43. Inbanaathan, PV, Dhinesh, B & Tamilarasan, U 2020, 'Investigação experimental das caraterísticas de desempenho e emissão de gasóleo misturado com éster metílico de palma juntamente com nano-aditivo de alumina utilizando motor diesel DI', Bioresource utilization and bioprocess,
pp. 151-166.

44. Jatoth, R, Gugulothu, SK & kiran Sastry, GR 2021, "Experimental study of using biodiesel and low cetane alcohol as the pilot fuel on the performance and emission trade-off study in the diesel/compressed natural gas dual fuel combustion mode", Energy, vol. 225, pp. 120218.

45. Kalaimurugan, K, Karthikeyan, S, Periyasamy, M & Mahendran, G 2020, 'Experimental investigations on the performance characteristics of CI engine fuelled with cerium oxide nanoparticle added biodiesel-diesel blends', Materials Today: Proceedings, vol. 33, pp. 2882-2885.

46. Kamran, Ehsan Mashhadi, Hamid Mohammadi, Ahmad Ghobadian & Barat 2020, 'Biodiesel production from Elaeagnus angustifolia.L seed as a novel waste feedstock using potassium hydroxide catalys', Biocatalysis and Agricultural Biotechnology, vol. 25, pp. 101578.

47. Kattimani, SS, Topannavar, SN, Shivashimpi, MM & Dodamani, BM 2020, 'Experimental investigation to optimize fuel injection strategies and compression ratio on single cylinder DI diesel engine operated with FOME biodiesel', Energy, vol. 200, pp. 117336.

48. Khan, O, Khan, MZ, Bhatt, BK, Alam, MT & Tripathi, M 2022, 'Multi-objective optimization of diesel engine performance, vibration and emission parameters employing blends of biodiesel, hydrogen and cerium oxide nanoparticles with the aid of response surface methodology approach', International Journal of Hydrogen Energy, vol. 48, no. 56, pp. 21513-21529.

49. Krishania, N, Rajak, U, Verma, TN, Birru, AK & Pugazhendhi, A 2020, 'Effect of microalgae, tyre pyrolysis oil and Jatropha biodiesel enriched with diesel fuel on performance and emission characteristics of CI engine', Fuel, vol. 278, pp. 118252.

50. Kulandaivel, D, Rahamathullah, IG, Sathiyagnanam, AP, Gopal, K & Damodharan, D 2020, 'Effect of retarded injection timing and EGR on performance, combustion and emission characteristics of a CRDi diesel engine fueled with WHDPE oil/diesel blends', Fuel, vol. 278, no. 6 pp. 118304.

51. Kumar, AM, Kannan, M & Nataraj, G 2020, 'A study on performance, emission and combustion characteristics of diesel engine powered by nano-emulsion of waste orange peel oil biodiesel', Renewable Energy, vol. 146, pp. 1781-1795.

52. Kumar, AM, Kannan, M & Nataraj, G 2020, 'A study on performance, emission and combustion characteristics of diesel engine powered by nano-emulsion of waste orange peel oil biodiesel', Renewable Energy, vol. 146, pp. 1781-1795.

53. Kumar, AN, Kishore, PS, Raju, KB, Nanthagopal, K & Ashok, B 2020, 'Experimental study on engine parameters variation in CRDI engine fuelled with palm biodiesel', Fuel, vol. 276, pp. 118076.

54. Kumar, P & Sandhu, SS 2022, 'An attempt to implement partially premixed combustion strategy in a multi-cylinder CRDI engine: A detailed experimental and wavelet transform analysis", Fuel, vol. 323, pp. 124372.

55. Liang, J, Zhang, Q, Chen, Z & Zheng, Z 2021, 'The effects of EGR rates and ternary blends of biodiesel/n-pentanol/diesel on the combustion and emission characteristics of a CRDI diesel engine', Fuel, vol. 286, pp. 119297.

56. Maawa, Wan Nor Mamat, Rizalman Najafi & Gholamhassan 2020, 'Performance, combustion, and emission characteristics of a CI engine fueled with emulsified diesel-biodiesel blends at different water contents', Fuel, vol. 267, pp. 117265.

57. Manojkumar, N, Muthukumaran, C & Sharmila, G 2021, 'A comprehensive review on the application of response surface methodology for optimization of biodiesel production using different oil sources', Journal of King Saud University - Engineering Sciences, vol. 34, no. 3,pp. 198-208.

58. Manojkumar, Narasimhan Muthukumaran & Chandrasekaran 2020, 'A comprehensive review on the application of response surface methodology for optimization of biodiesel production using different oil sources', Journal of King Saud University - Engineering Sciences, vol. 33, no. 7, pp. 44-51.

59. Mardi, K, Mohsen Antoshkiv & Heinz Peter 2019, 'Experimental analysis of the effect of nano-metals and novel organic additives on performance and emissions of a diesel engine', Fuel Processing Technology, vol. 196, no. 2, pp. 106166.

60. Mebin Samuel, P, Devaradjane, G & Gnanamoorthi, V 2020, 'Performance enhancement and emission reduction by using pine oil blends in a diesel engine influenced by 1, 4-dioxane', International Journal of Environmental Science and Technology, vol. 17, pp. 1783-1794.

61. Murugesan, A, Avinash, A, Gunasekaran, EJ & Murugaganesan, A 2020, 'Multivariate analysis of nano additives on biodiesel fuelled engine characteristics', Fuel, vol. 275, pp. 117922.

62. Nagareddy, S & Govindasamy, K 2022, "Combustion chamber geometry and fuel supply system variations on fuel economy and exhaust emissions of GDI engine with EGR", Part A, Thermal science, vol. 26, no. 2, pp. 1207-1217.

63. Nautiyal, P, Subramanian, KA, Dastidar, MG & Kumar, A 2020, 'Experimental assessment of performance, combustion and emissions of a compression ignition engine fuelled with Spirulina platensis biodiesel', Energy, vol. 193, pp. 116861.

64. Nayak, SK, Nižetić, S, Huang, Z, Ölçer, AI, Bui, VG, Wattanavichien, K & Hoang, AT 2022, "Influência do tempo de injeção no desempenho e nas caraterísticas de combustão do motor de ignição por compressão que funciona com misturas quaternárias de gasóleo, biodiesel misto e peróxido de t-butilo", Journal of Cleaner Production, vol. 333, pp. 130160.

65. Nazloo, EK, Moheimani, NR & Ennaceri, H 2022, 'Produção de biodiesel a partir de microalgas húmidas: Progress and challenges", Algal Research, vol. 68, no. 2, pp. 102902.

66. Palani, Y, Devarajan, C, Manickam, D & Thanikodi, S 2022, 'Performance and emission characteristics of biodiesel-blend in diesel engine: A review", Environmental Engineering Research, vol. 27, no. 1, pp. 20338.

67. Pambudi, S, Ilminnafik, N, Junus, S & Kustanto, MN 2021, 'Estudo experimental sobre o efeito de nano aditivos γal2o3 e razão de equivalência para a caraterística de chama de Bunsen do biodiesel de nyamplung (Calophyllum Inophyllum)', Automotive Experiences, vol. 4, n.º 2, pp. 51-61.

68. Pandey, KK, Paparao, J & Murugan, S 2022, "Experimental studies of an LHR mode DI diesel engine run on antioxidant doped biodiesel", Fuel, vol. 313, pp. 123028.
69. Pandey, KK, Paparao, J & Murugan, S 2022, "Experimental studies of an LHR mode DI diesel engine run on antioxidant doped biodiesel", Fuel, vol. 313, pp. 123028.
70. Patanaik, PP, Sethi, CK, Deheri, C, Acharya, SK, Thatoi, DN & Som, S 2021, 'An experimental investigation on emission parameters of CI engine using additives', Materials Today: Proceedings, vol. 41, no. 1 pp. 280-285.

71. Periyannan, L, Subramaniam, D, Saravanan, P, Elayaraja, R & Murugesan, A 2022, "Performance and emission characteristics of a naturally aspirated direct injection diesel engine fuelled with Calophyllum Inophyllum (Punnai) methyl ester", International Journal of Ambient Energy, vol. 43, no. 1, pp. 3638-3644.

72. Pourhoseini, SH & Ghodrat, M 2021, 'Experimental investigation of the effect of Al2O3 nanoparticles as additives to B20 blended biodiesel fuel: Caraterísticas da chama, desempenho térmico e emissões de poluentes", Case Studies in Thermal Engineering, vol. 27, no. 3 pp. 101292.

73. Rajak, Upendra, Nashine, Prerana, Verma & Tikendra Nath 2020, 'Effect of spirulina microalgae biodiesel enriched with diesel fuel on performance and emission characteristics of CI engine', Fuel, vol. 268, pp. 117305.

74. Rajasekar, R & Naveenchandran, P 2020, 'Experimental investigation of DI diesel engine fuelled by biodiesel with Nano additives', International

Journal of Advanced Technology and Engineering Exploration, vol. 7, no. 72, pp. 182-192.

75. Rajasekar, R & Naveenchandran, P 2021, 'Performance and emission analysis of di diesel engine fuelled by biodiesel with Al_2O_3 nano additives', Materials Today: Proceedings, vol. 47, pp. 345-350.

76. Rajendran, S & Ganesan, P 2021, 'Experimental investigations of diesel engine emissions and combustion behaviour using addition of antioxidant additives to jamun biodiesel blend', Fuel, vol. 285, no. 1 pp. 119157.

77. Rastogi, PM, Sharma, A & Kumar, N 2021, "Effect of CuO nanoparticles concentration on the performance and emission characteristics of the diesel engine running on jojoba (Simmondsia Chinensis) biodiesel", Fuel, vol. 286, no. 29, pp. 119358.

78. Sabarish, R, PremJeyaKumar, M & Rajasekar, R 2022, 'Experimental investigation on direct injection diesel engine fuelled by JFO with nano additives', Materials Today: Proceedings, vol. 62, pp. 1821-1829.

79. Sakthivadivel, D, Kumar, PG, Prabakaran, R, Vigneswaran, VS, Nithyanandhan, K & Kim, SC 2022, "A neem oil-based biodiesel with DEE enriched ethanol and Al_2O_3 nano additive: An experimental investigation on the diesel engine performance", Case Studies in Thermal Engineering, vol. 34, no. 4, pp. 102021.

80. Sanjeevarao, K, Pavani, PNL, Suresh, C & Kumar, PA 2021, 'Experimental investigation on VCR diesel engine fuelled with Al_2O_3 nanoparticles blended cottonseed biodiesel-diesel blends', Materials Today: Proceedings, vol. 46, pp. 301-306.

81. Sarıkoç, S, Örs, İ & Ünalan, S 2020, 'Um estudo experimental sobre a análise energético-exergética e o índice de sustentabilidade num motor diesel com injeção direta de misturas de combustível diesel-biodiesel-butanol', fuel, vol. 2 no. 3, pp. 117321.

82. Saxena, V, Kumar, N & Gautam, R 2022, 'Experimental investigation on the effectiveness of biodiesel based sulfur as an additive in ultra low sulfur diesel on the unmodified engine', Energy Sources, Part A: Recovery, Utilization, and Environmental Effects, vol. 44, no. 2, pp. 2697-2714.

83. Seeniappan, K, Venkatesan, B, Krishnan, NN, Kandhasamy, T, Arunachalam, S, Seeta, RK & Depoures, MV 2022, 'A comparative assessment of performance and emission characteristics of a DI diesel engine fuelled with ternary blends of two higher alcohols with

lemongrass oil biodiesel and diesel fuel', Energy & Environment, vol. 33, n.º 6, pp. 1134-1159.

84. Seyed Mohammad Safieddin Ardebili, Hamit Solmaz, Duygu İpci, Alper Calam & Mostafa Mostafaei 2020, 'A review on higher alcohol of fuel oil as a renewable fuel for internal combustion engines: Applications, challenges, and global potential", Fuel, vol. 279, pp. 118516.

85. Shareef, SM & Mohanty, DK 2020, 'Experimental investigations of dairy scum biodiesel in a diesel engine with variable injection timing for performance, emission and combustion', Fuel, vol. 280, no. 4 pp. 118647.

86. Shariff, SH, Vadapalli, S & Sagari, J 2022, 'Experimental study on direct injection diesel engine fuelled with ferric chloride nanoparticle dispersed Cassia Fistula biodiesel blend', International Journal of Energy and Environmental Engineering, vol. 13, no. 1, pp. 179-189.

87. Simsek, Suleyman & Uslu Samet 2020, "Avaliação comparativa da the influence of waste vegetable oil and waste animal oil-based biodiesel ondiesel engine performance and emissions", Fuel, vol. 280, pp. 118613.

88. Singh, A, Sinha, S, Choudhary, AK, Sharma, D, Panchal, H & Sadasivuni, KK 2021, 'An experimental investigation of emission performance of heter-ogenous catalyst Jatropha biodiesel using RSM', Case Stud Thermal Eng., vol. 25, pp. 100876.

89. Singh, Mandeep Sandhu & Sarbjot Singh 2020, "Desempenho, emissões e caraterísticas de combustão de um motor CRDI multicilindros alimentado com misturas de biodiesel de argemona/diesel", Fuel, vol. 265, pp. 116024.

90. Sriharikota, CS, Karuppasamy, K, Nagarajan, V, Sathyamurthy, R, Ramani, B, Muthu, V & Karuppiah, S 2021, 'Experimental investigation of the emission and performance characteristics of a DI diesel engine fueled with the Vachellia nilotica seed oil methyl ester and diesel blends', ACS omega, vol. 6, no. 22, pp. 14068-14077.

91. Sujesh, G, Ganesan, S & Ramesh, S 2020, 'Effect of CeO_2 nano powder as additive in WME-TPO blend to control toxic emissions from a light-duty diesel engine-An experimental study', Fuel, vol. 278, pp. 118177.

92. Suresh, A, Babu, AV, Balaji, B, Madhu Murthy, K & Ranjit, PS 2022, "Experimental investigation of carbon nanotube additives on CRDI engine fueled with Chlorella vulgaris microalgae methyl ester and bio-ethanol blends: performance, emission and combustion characteristics", Biofuels, pp. 1-13.

93. Swarna, S, Swamy, MT, Divakara, TR, Krishnamurthy, KN & Shashidhar, S 2022, 'Experimental assessment of ternary fuel blends of diesel, hybrid biodiesel and alcohol in naturally aspirated CI engine', International Journal of Environmental Science and Technology, vol. 19, no. 9, pp. 8523-8554.

94. Taher, Hanifa Giwa, Adewale Abusabiekeh & Sulaiman 2020, "Produção de biodiesel a partir de Nannochloropsis gaditana utilizando CO_2 supercrítico para extração de lípidos e transesterificação por lipase imobilizada: Economic and environmental impact assessments", Fuel Processing Technology, vol. 198, pp. 106249.

95. Thangavelu, SK & Arthanarisamy, M 2020, 'Experimental investigation on engine performance, emission, and combustion characteristics of a DI CI engine using tyre pyrolysis oil and diesel blends doped with nanoparticles', Environmental Progress & Sustainable Energy, vol. 39, no. 2, pp. e13321.

96. Thiruvenkatachari, S, Saravanan, CG, Raman, V, Vikneswaran, M, Josephin, JF & Varuvel, EG 2022, "An experimental study of the effects of fuel injection pressure on the characteristics of a diesel engine fueled by the third generation Azolla biodiesel", Chemosphere, vol. 308, no. 6, pp. 136049.

97. Uyumaz, Ahmet Bilal, Calam & Alper 2020, "Investigação experimental sobre a combustão, o desempenho e as caraterísticas das emissões de escape do biodiesel de óleo de papoila - combustão de combustível duplo de diesel num motor de ignição por compressão", Fuel, vol. 280, pp. 118588.

98. Vedagiri, P, Martin, LJ, Varuvel, EG & Subramanian, T 2020, 'Experimental study on NO x reduction in a grapeseed oil biodiesel-fueled CI engine using nanoemulsions and SCR retrofitment', Environmental Science and Pollution Research, vol. 27, no. 2, pp. 29703-29716.

99. Venkatesan, V & Nallusamy, N 2020, "Pine oil-soapnut oil methyl ester blends: A hybrid biofuel approach to completely eliminate the use of diesel in a twin cylinder off-road trator diesel engine", Fuel, vol. 262, pp. 116500.

100. Venu, H & Appavu, P 2020, "Al_2O_3 nano additives blended Polanga biodiesel as a potential alternative fuel for existing unmodified DI diesel engine", Fuel, vol. 279, no. 12, pp. 118518.

101. Wang, S, Viswanathan, K, Esakkimuthu, S & Azad, K 2021, 'Experimental investigation of high alcohol low viscous renewable fuel in DI diesel engine', Environmental Science and Pollution Research, vol. 28, pp. 12026-12040.

102. Yesilyurt & Murat Kadir 2020, 'A detailed investigation on the performance, combustion, and exhaust emission characteristics of a diesel engine running on the blend of diesel fuel, biodiesel and 1-heptanol (C7 alcohol) as a next-generation higher alcohol', Fuel, vol. 275, pp. 117893

103. Yesilyurt, Murat Kadir Aydin & Mustafa 2020, 'Experimental investigation on the performance, combustion and exhaust emission characteristics of a compression-ignition engine fueled with cottonseed oil biodiesel/diethyl ether/diesel fuel blends', Energy Conversion and Management, vol. 205, no. 4, pp. 112355.

104. Zerrakki IA & Mehmet 2020, 'Comparative experimental investigation on the effects of heavy alcohols- safflower biodiesel blends on combustion, performance and emissions in a power generator diesel engine', Applied Thermal Engineering, vol. 184, pp. 116142.

105. Zhang, Le Loh, Kai-Chee Kuroki & Yen Wah 2020, "Microbial biodiesel production from industrial organic wastes by oleaginous microorganisms: Current status and prospects", Journal of Hazardous Materials, vol. 402, pp. 123543.

106. Zhao, Y, Geng, CE, W, Li, X, Cheng, P & Niu, T 2021, 'Experimental study on the effects of blending PODEn on performance, combustion and emission characteristics of heavy-duty diesel engines meeting China VI emission standard', Scientific reports, vol. 11, no. 1, pp. 9514.

107. Kumar, P. et al. (2022). Brief Introduction to First, Second, and Third Generation of Biofuels [Breve introdução à primeira, segunda e terceira geração de biocombustíveis]. Em: Chowdhary, P., Khanna, N., Pandit, S., Kumar, R. (eds) Bio-Clean Energy Technologies: Volume 1. Tecnologias de produção de energia limpa. Springer, Singapore. https://doi.org/10.1007/978-981-16-8090-8_1

108. Yaşar, Fevzi. "Comparação das propriedades do combustível de combustíveis biodiesel produzidos a partir de diferentes óleos para determinar o tipo de matéria-prima mais adequado." Combustível 264 (2020): 116817.

109. Javed, Muhammad Rizwan, et al. "Microalgas como matéria-prima para a produção de biocombustíveis: situação atual e perspectivas futuras." Top 5 (2019): 1-39.

Printed by Books on Demand GmbH, Norderstedt / Germany